付朝军 邹慧芬 葛运培 编著

用**Premiere CS6**
制作精品课程视频

清华大学出版社

北京

内 容 简 介

本书系统地讲解了使用 Adobe Premiere Pro CS6 制作课程视频的实用技巧,包括 Premiere Pro 入门、视频捕捉和素材导入、剪辑视频和音频、字幕处理、视频过渡、演示文稿素材的应用和视频效果、导出、制作字幕文件等。本书还配有 DVD 光盘,其中有与本书同步的实例项目文件,含视频、图片、演示文稿等素材,有助于读者更好地阅读和使用本书,在 Adobe Premiere Pro CS6 环境中学习掌握制作课程视频的实用技巧。

本书适合从事教学、视频制作、培训等工作的读者阅读,也可作为中等、高等职业技术学校有关专业和各类计算机培训班的教材或自学教材。

图书在版编目(CIP)数据

用 Premiere CS6 制作精品课程视频/付朝军,邹慧芬,葛运培编著.--北京:清华大学出版社,2014
ISBN 978-7-302-36617-1

Ⅰ. ①用… Ⅱ. ①付… ②邹… ③葛… Ⅲ. ①视频编辑软件—教材 Ⅳ. ①TN94

中国版本图书馆 CIP 数据核字(2014)第 113435 号

责任编辑:邹开颜　赵从棉
封面设计:常雪影
责任校对:王淑云
责任印制:王静怡

出版发行:清华大学出版社
　　　　网　　　址:http://www.tup.com.cn,http://www.wqbook.com
　　　　地　　　址:北京清华大学学研大厦 A 座　　　邮　　编:100084
　　　　社　总　机:010-62770175　　　　　　　　　邮　　购:010-62786544
　　　　投稿与读者服务:010-62776969,c-service@tup.tsinghua.edu.cn
　　　　质　量　反　馈:010-62772015,zhiliang@tup.tsinghua.edu.cn
印　装　者:北京国马印刷厂
经　　销:全国新华书店
开　　本:185mm×230mm　　　印　张:8.75　　　字　数:187 千字
　　　　　(附光盘 1 张)
版　　次:2014 年 6 月第 1 版　　　印　次:2014 年 6 月第 1 次印刷
印　　数:1~3000
定　　价:28.00 元

产品编号:050414-01

FOREWORD

选题产生的背景

Adobe Premiere Pro CS6 是一个视频剪辑和制作软件,利用它能够制作出生动的视频,并达到最佳的播放效果。用 Adobe Premiere Pro CS6 制作的视频已被教师、学生、科技工作者、商务人员等广泛使用在教学、科研、网络、广告等许多方面,它有易学、易用、易修改等诸多优点,还与互联网有着紧密的联系。与以前的版本相比,Adobe Premiere Pro CS6 具有更加优越的特性。

许多人迫切希望对 Adobe Premiere Pro CS6 知道得更多,使之在教学和工作中发挥更大的作用。但有些人对 Adobe Premiere Pro CS6 的强大功能还不很了解,我们在制作课程视频过程中积累了一些经验,希望和大家分享,以期在普及 Adobe Premiere Pro CS6 的应用中起到抛砖引玉的作用。

本书的内容

本书不是全面系统地介绍 Adobe Premiere Pro CS6,只是在 Adobe Premiere Pro CS6 环境中讲解用 Adobe Premiere Pro CS6 制作课程视频的实用技巧。本书的知识点安排遵循由易到难、由简单到复杂的原则,充分考虑了大多数读者的学习习惯。本书图文并茂,通俗易懂。

第 1 章讲述 Premiere Pro 入门,包括 Premiere Pro 简介、Premiere Pro 基本概念和操作界面等。

第 2 章讲述视频捕捉和素材导入,包括如何新建项目文件、视频捕捉、素材导入等。

第 3 章讲述剪辑视频和音频。

第 4 章讲述字幕处理,包括创建字幕和编辑字幕等。

第 5 章讲述视频过渡,包括如何应用视频过渡效果和调整视频过渡效果等。

第 6 章讲述演示文稿素材的应用和视频效果,包括演示文稿中的素材如何应用到 Premiere 中、序列嵌套、视频效果的应用和设置等。

第 7 章讲述导出,包括视频公开课技术标准和视频导出的设置等。

第 8 章讲述制作字幕文件,包括字幕文件的格式和制作字幕文件的技巧等。

随书光盘提供与书中内容同步的实例项目文件,包括视频、图片、演示文稿等素材。

本书产生的基础

本书是作者参加 Premiere 培训和视频制作实践 6 年的经验积累。作者从 2007 年开始参加 Premiere 的培训授课和教材编写,每年都要进行培训教材和光盘内容的更新。

本书的作者

第 1～3、5～7 章由付朝军撰写,第 4 和 8 章由邹惠芬撰写,葛运培参与了前期的策划。随书光盘提供的 Premiere Pro 项目文件及素材由付朝军和邹慧芬制作。

本书主要特色

(1) 重点介绍实用技巧。是作者在多年制作课程视频和培训基础上的经验积累,介绍了大量实用技巧,内容重点突出。

(2) 注重实用,方便练习。功能和示例紧密结合,用户可跟随实例边学边练。

(3) 循序渐进,由浅入深。教材的内容安排、练习的选择和实例,一环套一环。

(4) 书配光盘。有内容丰富的 DVD 光盘与书同步,光盘含实例项目文件、素材和导出的课程视频等。

使用本书的说明

需要安装 Adobe Premiere Pro CS6,否则随书光盘中的项目文件不能被正常打开。

致谢

感谢葛运培老师在病重期间一直对该书的编写工作给予的关心和帮助,并以此缅怀葛运培老师;感谢清华大学出版社编辑邹开颜、赵从棉对本书出版所做的努力。

CONTENTS

目录

第1章

Premiere Pro入门

本章要点:

- Premiere Pro 简介
- Premiere Pro 基本概念和操作界面

1.1 Premiere Pro 简介

Adobe Premiere 是一款常用的视频编辑软件。它是由 Adobe 公司开发推出的,目前最新的版本是 Adobe Premiere Pro CS6。这款软件所编辑的画面质量好,且有很好的兼容性,可以与 Adobe 公司推出的其他软件相互协作,可广泛应用于广告、电视节目和家庭视频制作。

Adobe Premiere Pro CS6 仅有 64 位版本,不能安装在 32 位操作系统上,能够安装在 Windows 7 64 位、Windows 8 64 位和 Mac OS X v10.6.8 版本以上的操作系统上。

1.2 Premiere Pro 基本概念和操作界面

1.2.1 基本概念

1. 线性编辑与非线性编辑

线性编辑,是一种基于磁带的视频编辑方式。通常将视频素材按照顺序编辑成新的连续视频,然后再以替换的方式对其中的某一段视频进行同样长度的替换。如果要插入、删除、加长或者缩短其中的一段是不可能的,除非将那一段以后的视频抹掉重新录制,这是很久以前的电视节目的编辑方式。

非线性编辑,需要借助计算机来进行数字化制作,几乎所有的工作都要在计算机里完成;可以按照各种顺序排列素材。现在,绝大多数的电视和电影都是采用非线性编辑制作出来的。

2. 蒙太奇

在影视作品中,可以利用蒙太奇将一系列在不同地点,从不同距离和角度,以不同方法拍摄的画面按逻辑关系排列起来。利用蒙太奇手法,能够产生很好的节奏感,可极大地增强作品的艺术感染力。

3. 项目(Project)

在 Premiere 中,项目文件包含了序列、视频片段、音频片段、采集、转场和混音等数据信息。它是储存我们利用 Premiere Pro 工作所产生的全部数据的文件。当然,它还依赖于素材文件,而素材文件是独立于项目文件的。素材文件和项目文件应当保持稳定的相对路径。

4. 序列(Sequence)

序列承载着时间轴上的视频、音频、图片等信息,它管理着它们的大小、在时间轴上的长度、所在的轨道位置、属性值、特效等。一个项目可以包含多个序列,一个序列可以包含多个其他序列,每个序列的设置可以不同。

5. 素材和剪辑

在 Premiere 中,项目文件并不保存视频、音频和图片数据,它们独立于项目文件,被称为素材。如果素材文件被删除、改名或移动,Premiere Pro 就不能找到素材文件。剪辑可以是源素材的一部分或整个源素材,也可以是一个序列。它可以嵌套,例如一个序列可以做为剪辑放入到另一个序列中。

6. DV 和 HDV

DV(digital video)是由索尼、松下、JVC、夏普、东芝和佳能等厂商联合制定的一种数码视频格式,水平清晰度可以达到 500～540 线。HDV(high DV)是由索尼、JVC、夏普、佳能四大厂商制定的一种高清数码视频格式,水平清晰度达到了逐行扫描方式的 720 线或隔行扫描方式的 1080 线。

7. PAL 制式、NTSC 制式、上场优先和下场优先

由于我们制作的视频有可能在电视上播放,所以我们还要留意视频的场的问题。我国的电视制式采用的是 PAL(phase alternating line,逐行倒相)制,画面传输率是每秒 25 帧、50Hz。这种制式是前联邦德国改进 NTSC(National Television Standards Committee,美国国家电视标准委员会)制而研制出来的一种彩色电视广播标准。它按照50Hz的场频隔行扫描，把一帧分成奇、偶两场，奇场在前，偶场在后，也就是上场优先。而1394卡采集的都是下场优先，因此存在一个场序处理的问题。如果场序错误，在电视上播放运动画面时会产生锯齿或抖动，严重影响画面质量。而播放纯色画面就不会产生锯齿或抖动，因为两个场的画面颜色一样，即使颠倒了，在视觉效果上也是没有影响的。

8. 入点和出点

入点和出点指剪辑或序列的开始点和结束点。一个剪辑或者序列只能有一个入点和出点。

1.2.2　启动

选择"开始"→"所有程序"→Adobe→Adobe Premiere Pro CS6命令(见图1.1)。在欢迎对话框(见图1.2)中，单击New Project按钮，打开New Project对话框(见图1.3)。在

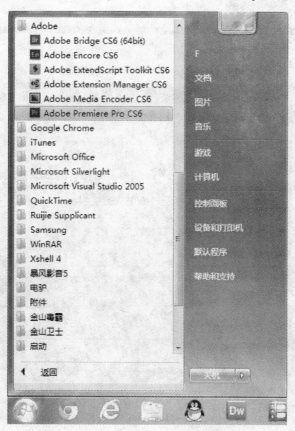

图　1.1

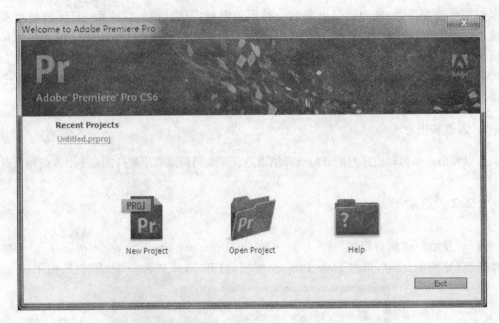

图　1.2

图　1.3

Capture Format 下拉列表框中选择 HDV(见图 1.4);单击 Browse 按钮,选择项目文件存储位置(见图 1.5),可以在 Name 文本框中修改默认的项目文件名,然后点击 OK 按钮。在

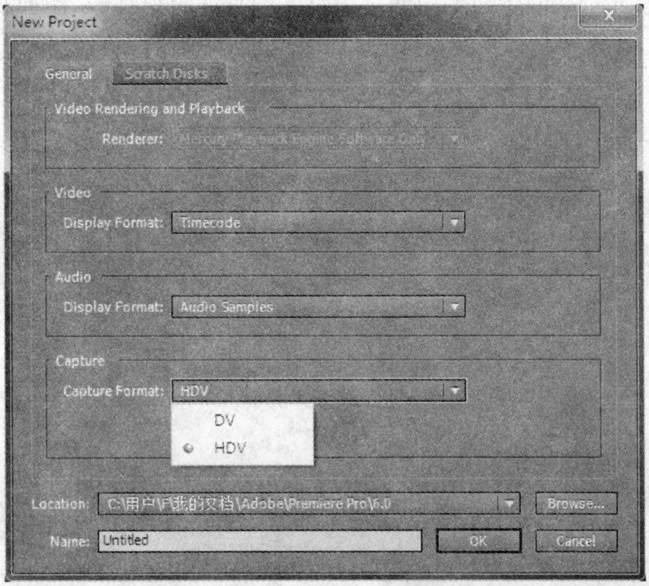

图 1.4

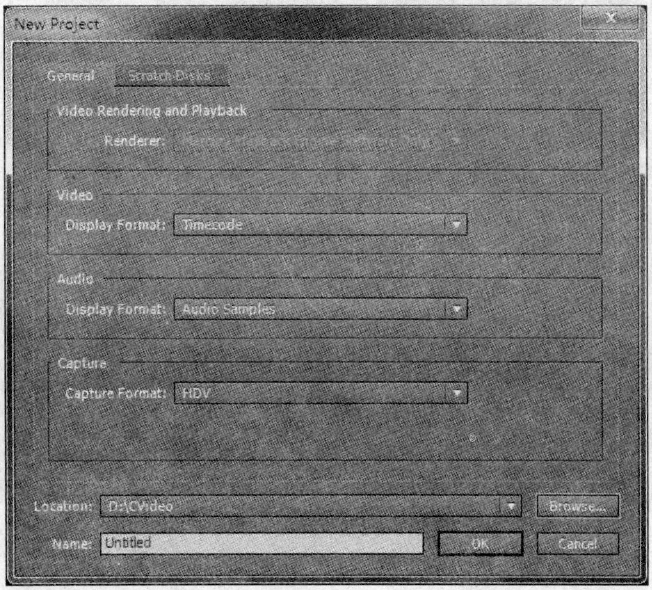

图 1.5

打开的 New Sequence 对话框中,选择 HDV 下的 HDV 1080i25(50i)序列预设(见图 1.6)。这是由于所要采集的视频源是采用 HDV1080i 格式录制的,每秒捕捉 25 帧,所以选择该序列预设。HDV 1080i25(50i)序列采用的是 16:9 的宽屏高清视频,画面宽度为 1440 像素,高度为 1080 像素,播放速率为 25.00fps(每秒钟播放 25 幅画面),上场优先,音频采样率为 48kHz。音频采样率值越高声音效果越好,视频文件也越大。

单击 OK 按钮,打开工作区(见图 1.7)。

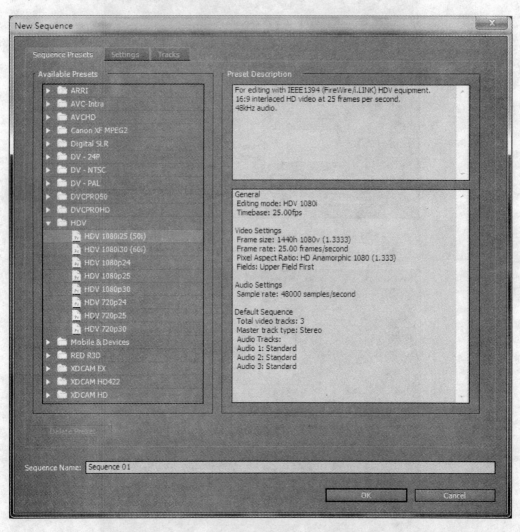

图　1.6

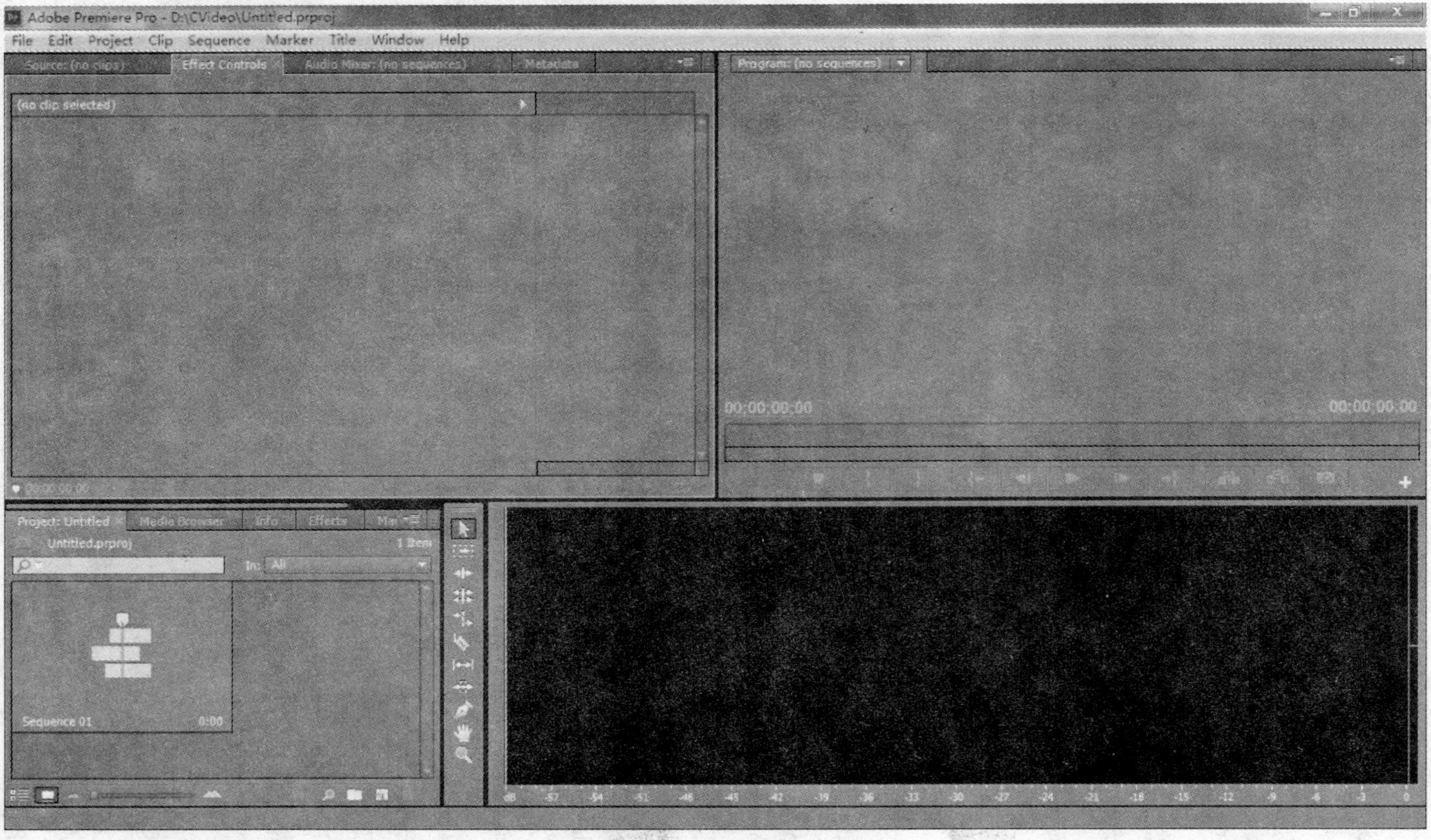
Adobe Premiere Pro - D:\CVideo\Untitled.prproj
File Edit Project Clip Sequence Marker Title Window Help
Effect Controls
(no clip selected)
Program: (no sequences)
00;00;00;00
00;00;00;00
Project: Untitled
Untitled.prproj
In: All
Sequence 01
0:00

图 1.7

1.2.3 工作区

工作区包括菜单栏、多个面板组和状态栏等。

1. 菜单栏

调用某一命令往往可用几种不同方式，如鼠标右键弹出菜单、属性对话框、菜单栏和快捷键等。菜单栏是比较常用的一种方式（见图1.8）。

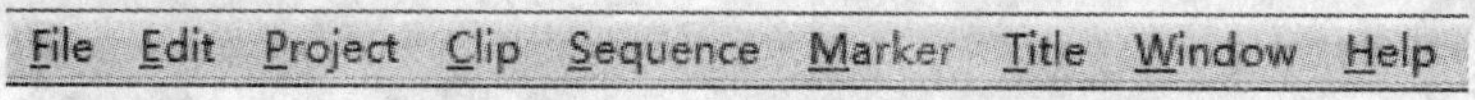

File Edit Project Clip Sequence Marker Title Window Help

图 1.8

(1) File(文件)

File(文件)菜单包括 New(新建)、Open Project(打开项目)、Open Recent Project(打开最近的项目)、Browse in Adobe Bridge(在 Adobe Bridge 中浏览)、Close Project(关闭项目)、Close(关闭)、Save(保存)、Save As(另存为)、Save a Copy(另存副本)、Revert(还原)、Capture(捕捉)、Batch Capture(批量捕捉)、Adobe Dynamic Link(Adobe 动态链接)、Adobe Story(Adobe 创作工具)、Send to Adobe SpeedGrade(发送到 Adobe SpeedGrade)、Import from Media Browser(从媒体浏览器导入)、Import(导入)、Import Recent File(导入最近的文件)、Export(导出)、Get Properties for(获取属性)、Reveal in Adobe Bridge(在 Adobe Bridge 中显示)、Exit(退出)等命令(见图1.9)。

其中，New(新建)子菜单包括 Project(项目)、Sequence(序列)、Sequence From Clip(来自剪辑的序列)、Bin(素材箱)、Offline File(脱机文件)、Adjustment Layer(调整图层)、Title(字幕)、Photoshop File(Photoshop 文件)、Bars and Tone(彩条)、Black Video(黑场视频)、Color Matte(颜色遮罩)、HD Bars and Tone(HD 彩条)、Universal Counting Leader(通用倒计时片头)、Transparent Video(透明视频)等命令(见图1.10)；Export(导

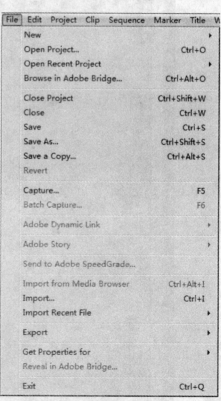

图 1.9

出)子菜单包括 Media(媒体)、Title(字幕)、Tape(磁带)、EDL、OMF、AAF、Final Cut Pro XML 等命令(见图1.11);Get Properties for(获取属性)子菜单包括 File(文件)、Selection (选择)等命令(见图1.12)。

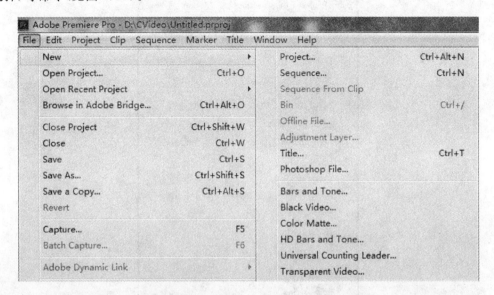

图 1.10

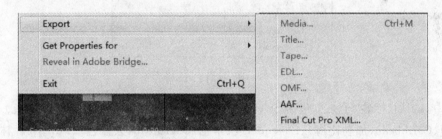

图 1.11

图 1.12

(2) Edit(编辑)

Edit(编辑)菜单包括 Undo(撤销)、Redo(重做)、Cut(剪切)、Copy(复制)、Paste(粘贴)、Paste Insert(粘贴插入)、Paste Attributes(粘贴属性)、Clear(清除)、Ripple Delete(波纹删除)、Duplicate(重复)、Select All(全选)、Deselect All(取消全选)、Find(查找)、Find Faces(查找脸部)、Label(标签)、Edit Original(编辑原始)、Edit in Adobe Audition(在

Adobe Audition 中编辑)、Edit in Adobe Photoshop(在 Adobe Photoshop 中编辑)、
Keyboard Shortcuts(键盘快捷键)、Preferences(首选项)等命令(见图1.13)。

Edit	Project	Clip	Sequence	Marker	Title	W
Undo				Ctrl+Z		
Redo				Ctrl+Shift+Z		
Cut				Ctrl+X		
Copy				Ctrl+C		
Paste				Ctrl+V		
Paste Insert				Ctrl+Shift+V		
Paste Attributes				Ctrl+Alt+V		
Clear				Backspace		
Ripple Delete				Shift+Delete		
Duplicate				Ctrl+Shift+/		
Select All				Ctrl+A		
Deselect All				Ctrl+Shift+A		
Find...				Ctrl+F		
Find Faces						
Label				▶		
Edit Original				Ctrl+E		
Edit in Adobe Audition				▶		
Edit in Adobe Photoshop						
Keyboard Shortcuts...						
Preferences				▶		

图　1.13

其中,Label(标签)子菜单包括 Select Label Group(选择标签组)、Violet(紫色)、Iris(鸢
尾花色)、Caribbean(加勒比海)、Lavender(淡紫色)、Cerulean(天蓝色)、Forest(森林)、Rose
(玫瑰红)、Mango(芒果)等命令(见图1.14);Preferences(首选项)子菜单包括 General(常
规)、Appearance(外观)、Audio(音频)、Audio Hardware(音频硬件)、Audio Output
Mapping(音频输出映射)、Auto Save(自动保存)、Capture(捕捉)、Device Control(设备控
制)、Label Colors(标签颜色)、Label Defaults(标签默认值)、Media(媒体)、Memory(内存)、
Playback(回放)、Titler(字幕)、Trim(修剪)等命令(见图1.15)。

(3) Project(项目)

Project(项目)菜单包括 Project Settings(项目设置)、Link Media(链接媒体)、Make
Offline(设为脱机)、Automate to Sequence(序列自动化)、Import Batch List(导入批处理列
表)、Export Batch List(导出批处理列表)、Project Manager(项目管理器)、Remove Unused
(移除未使用资源)等命令(见图1.16)。

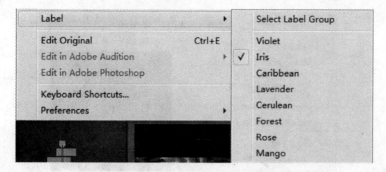

图 1.14

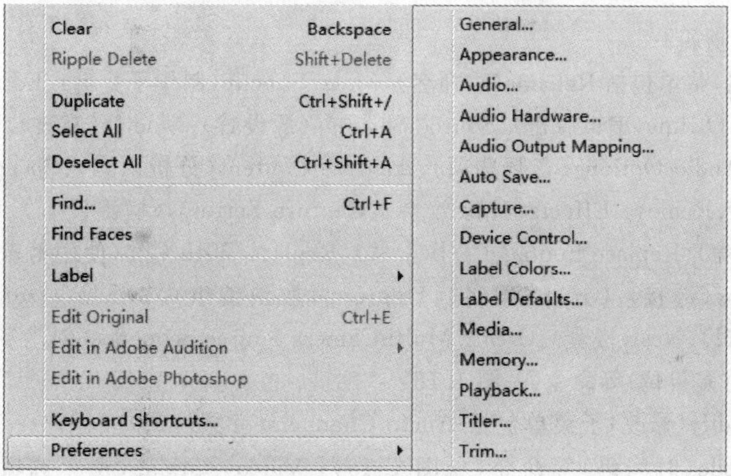

图 1.15

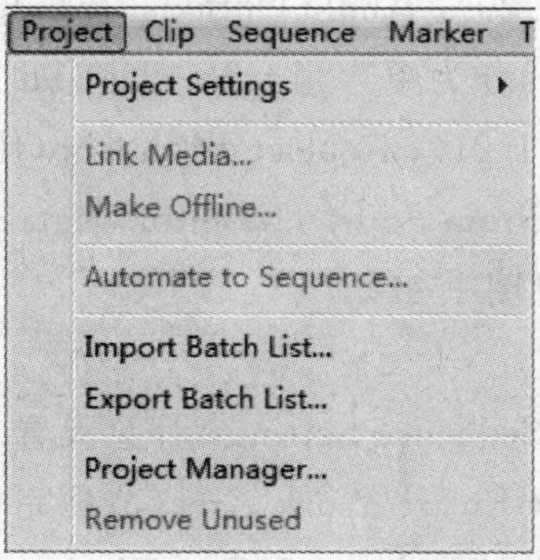

图 1.16

其中,Project Settings(项目设置)子菜单包括 General(常规)、Scratch Disks(暂存盘)等命令(见图1.17)。

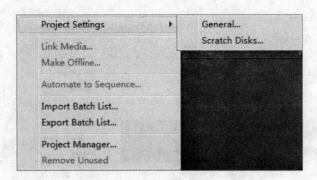

图 1.17

（4）Clip（剪辑）

Clip（剪辑）菜单包括 Rename（重命名）、Make Subclip（制作子剪辑）、Edit Subclip（编辑子剪辑）、Edit Offline（编辑脱机）、Source Settings（源设置）、Modify（修改）、Video Options（视频选项）、Audio Options（音频选项）、Analyze Content（分析内容）、Speed/Duration（速度/持续时间）、Remove Effects（移除效果）、Capture Settings（捕捉设置）、Insert（插入）、Overwrite（覆盖）、Replace Footage（替换素材）、Replace With Clip（使用剪辑替换）、Enable（启用）、Unlink（链接）、Group（编组）、Ungroup（取消编组）、Synchronize（同步）、Merge Clips（合并剪辑）、Nest（嵌套）、Create Multi-Camera Source Sequence（创建多机位源序列）、Multi-Camera（多机位）等命令（见图1.18）。

其中，Modify（修改）子菜单包括 Audio Channels（音频声道）、Interpret Footage（解释素材）、Timecode（时间码）等命令（见图1.19）；Video Options（视频选项）子菜单包括 Frame Hold（帧定格）、Field Options（场选项）、Frame Blend（帧混合）、Scale to Frame Size（缩放为帧大小）等命令（见图1.20）；Audio Options（音频选项）子菜单包括 Audio Gain（音频增益）、Breakout to Mono（拆分为单声道）、Render and Replace（渲染并替换）、Extract Audio（提取音频）等命令（见图1.21）；Replace With Clip（使用剪辑替换）子菜单包括 From Source Monitor（从源监视器）、From Source Monitor，Match Frame（从源监视器，匹配帧）、From Bin（从素材箱）等命令（见图1.22）。

（5）Sequence（序列）

Sequence（序列）菜单包括 Sequence Settings（序列设置）、Render Effects in Work Area（渲染工作区内的效果）、Render Entire Work Area（渲染完整工作区）、Render Audio（渲染音频）、Delete Render Files（删除渲染文件）、Delete Work Area Render Files（删除工作区渲染文件）、Match Frame（匹配帧）、Add Edit（添加编辑）、Add Edit to All Tracks（添加编辑到所有轨道）、Trim Edit（修剪编辑）、Extend Selected Edit to Playhead（将所选编辑点扩展到播放指示器）、Apply Video Transition（应用视频过渡）、Apply Audio Transition（应用音

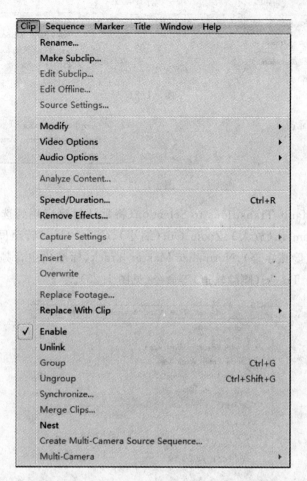

图 1.18

Modify	►	Audio Channels...
Video Options	►	Interpret Footage...
Audio Options	►	Timecode...

图 1.19

Video Options	►	Frame Hold...
Audio Options	►	Field Options...
Analyze Content...		Frame Blend
Speed/Duration...	Ctrl+R	Scale to Frame Size

图 1.20

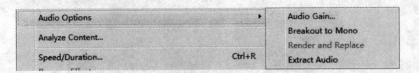

图　1.21

图　1.22

频过渡）、Apply Default Transitions to Selection（将默认过渡应用到选择项）、Lift（提升）、Extract（提取）、Zoom In（放大）、Zoom Out（缩小）、Go to Gap（转至间隙）、Snap（对齐）、Closed Captioning（隐藏字幕）、Normalize Master Track（标准化主音频轨道）、Add Tracks（添加轨道）、Delete Tracks（删除轨道）等命令（见图 1.23）。

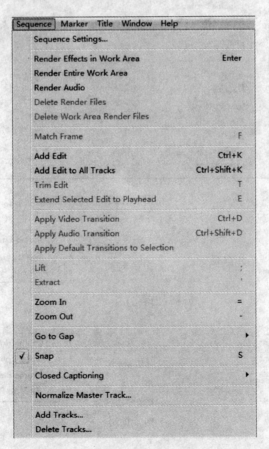

图　1.23

其中,Go to Gap(转至间隙)子菜单包括 Next in Sequence(序列中下一段)、Previous in Sequence(序列中上一段)、Next in Track(轨道中下一段)、Previous in Track(轨道中上一段)等命令(见图1.24);Closed Captioning(隐藏字幕)子菜单包括 Attach File(附加文件)、Clear Data(清除数据)等命令(见图1.25)。

图 1.24

图 1.25

(6) Marker(标记)

Marker(标记)菜单包括 Mark In(标记入点)、Mark Out(标记出点)、Mark Clip(标记剪辑)、Mark Selection(标记选择项)、Mark Split(标记拆分)、Go to In(转到入点)、Go to Out(转到出点)、Go to Split(转到拆分)、Clear In(清除入点)、Clear Out(清除出点)、Clear In and Out(清除入点和出点)、Add Marker(添加标记)、Go to Next Marker(转到下一标记)、Go to Previous Marker(转到上一标记)、Clear Current Marker(清除当前标记)、Clear All Markers(清除所有标记)、Edit Marker(编辑标记)、Add Encore Chapter Marker(添加 Encore 章节标记)、Add Flash Cue Marker(添加 Flash 提示标记)等命令(见图1.26)。

(7) Title(字幕)

Title(字幕)菜单包括 New Title(新建字幕)、Font(字体)、Size(大小)、Type Alignment(文字对齐)、Orientation(方向)、Word Wrap(自动换行)、Tab Stops(制表位)、Templates(模板)、Roll/Crawl Options(滚动/游动选项)、Logo(徽标)、Transform(变换)、Select(选择)、Arrange(排列)、Position(位置)、Align Objects(对齐对象)、Distribute Objects(分布对象)、View(视图)等命令(见图1.27)。

其中,New Title(新建字幕)子菜单包括 Default Still(默认静止)、Default Roll(默认滚动)、Default Crawl(默认游动)、Based on Current Title(基于当前字幕)、Based on Template(基于模板)等命令(见图1.28);Type Alignment(文字对齐)子菜单包括 Left(靠左)、Center(居中)、Right(靠右)等命令(见图1.29);Orientation(方向)子菜单包括 Horizontal(水平)、Vertical(垂直)等命令(见图1.30);Logo(徽标)子菜单包括 Insert Logo(插入徽标)、Insert Logo into Text(将徽标插入文本)、Restore Logo Size(恢复徽标大小)、Restore

Marker	Title	Window	Help	
Mark In				I
Mark Out				O
Mark Clip				Shift+/
Mark Selection				/
Mark Split				▶
Go to In				Shift+I
Go to Out				Shift+O
Go to Split				▶
Clear In				Ctrl+Shift+I
Clear Out				Ctrl+Shift+O
Clear In and Out				Ctrl+Shift+X
Add Marker				M
Go to Next Marker				Shift+M
Go to Previous Marker				Ctrl+Shift+M
Clear Current Marker				Ctrl+Alt+M
Clear All Markers				Ctrl+Alt+Shift+M
Edit Marker...				
Add Encore Chapter Marker...				
Add Flash Cue Marker...				

图 1.26

Title	Window	Help	
New Title			▶
Font			▶
Size			▶
Type Alignment			▶
Orientation			▶
Word Wrap			
Tab Stops...			Ctrl+Shift+T
Templates...			Ctrl+J
Roll/Crawl Options...			
Logo			▶
Transform			▶
Select			▶
Arrange			▶
Position			▶
Align Objects			▶
Distribute Objects			▶
View			▶

图 1.27

New Title	▶	Default Still...
		Default Roll...
Font	▶	Default Crawl...
Size	▶	
Type Alignment	▶	Based on Current Title...
Orientation	▶	Based on Template...

图 1.28

Type Alignment	▶	✓ Left	Ctrl+Shift+L
Orientation	▶	Center	Ctrl+Shift+C
Word Wrap		Right	Ctrl+Shift+R

图 1.29

Orientation	▶	✓ Horizontal
Word Wrap		Vertical

图 1.30

Logo Aspect Ratio(恢复徽标长宽比)等命令(见图1.31)；Transform(变换)子菜单包括 Position(位置)、Scale(缩放)、Rotation(旋转)、Opacity(不透明度)等命令(见图1.32)；Select(选择)子菜单包括 First Object Above(上层的第一个对象)、Next Object Above(上层的下一个对象)、Next Object Below(下层的下一个对象)、Last Object Below(下层的最后一个对象)等命令(见图1.33)；Arrange(排列)子菜单包括 Bring to Front(移到最前)、Bring Forward(前移)、Send to Back(移到最后)、Send Backward(后移)等命令(见图1.34)；Position(位置)子菜单包括 Horizontal Center(水平居中对齐)、Vertical Center(垂直居中对齐)、Lower Third(下方1/3处)等命令(见图1.35)；Align Objects(对齐对象)子菜单包括 Horizontal Left(水平左对齐)、Horizontal Center(水平居中对齐)、Horizontal Right(水平右对齐)、Vertical Top(垂直顶端对齐)、Vertical Center(垂直居中对齐)、Vertical Bottom(垂直底端对齐)等命令(见图1.36)；Distribute Objects(分布对象)子菜单包括 Horizontal Left(水平左对齐)、Horizontal Center(水平居中对齐)、Horizontal Right(水平右对齐)、Horizontal Even Spacing(水平等间距)、Vertical Top(垂直顶端对齐)、Vertical Center(垂直居中对齐)、Vertical Bottom(垂直底端对齐)、Vertical Even Spacing(垂直等间距)等命令(见图1.37)；View(视图)子菜单包括 Safe Title Margin(安全字幕边距)、Safe Action Margin(安全动作边距)、Text Baselines(文本基线)、Tab Markers(制表符标记)、Show Video(显示视频)等命令(见图1.38)。

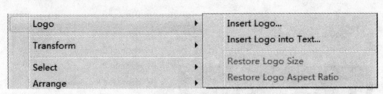

图 1.31

图 1.32

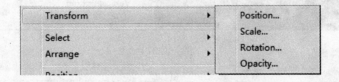

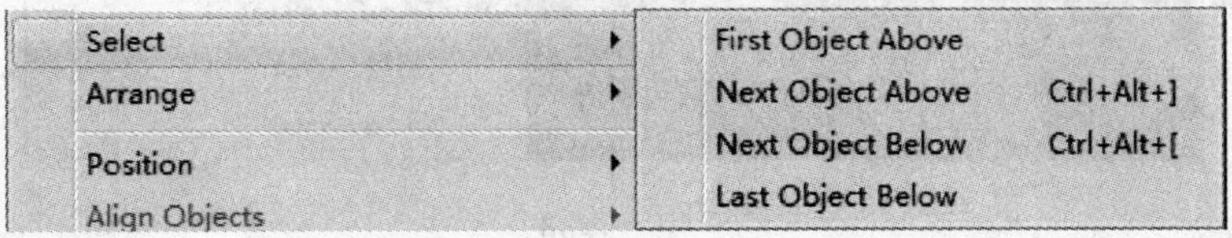

图 1.33

Arrange	▶	Bring to Front	Ctrl+Shift+]
		Bring Forward	Ctrl+]
Position	▶	Send to Back	Ctrl+Shift+[
Align Objects	▶	Send Backward	Ctrl+[
Distribute Objects	▶		

图　1.34

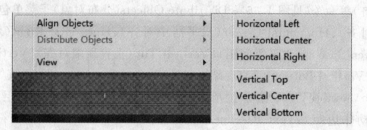

图　1.35

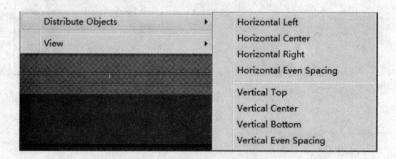

图　1.36

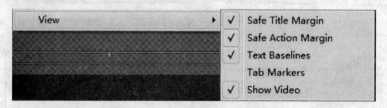

图　1.37

View	▶	✓	Safe Title Margin
		✓	Safe Action Margin
		✓	Text Baselines
			Tab Markers
		✓	Show Video

图　1.38

（8）Window（窗口）

Window（窗口）菜单包括 Workspace（工作区）、Extensions（扩展）、Maximize Frame（最大化框架）、Audio Meters（音频仪表）、Audio Mixer（音轨混合器）、Capture（捕捉）、Effect Controls（效果控件）、Effects（效果）、Events（事件）、History（历史记录）、Info（信息）、Markers（标记）、Media Browser（媒体浏览器）、Metadata（元数据）、Multi-Camera Monitor（多机位监视器）、Options（选项）、Program Monitor（节目监视器）、Project（项目）、Reference Monitor（参考监视器）、Source Monitor（源监视器）、Timecode（时间码）、Timeline（时间轴）、Title Actions（字幕动作）、Title Designer（字幕设计器）、Title Properties（字幕属性）、Title Styles（字幕样式）、Title Tools（字幕工具）、Tools（工具）、Trim Monitor（修剪监视器）、VST Editor（VST 编辑器）等命令（见图 1.39）。

其中，Workspace（工作区）子菜单包括 Audio（音频）、Color Correction（颜色校正）、Editing（编辑）、Editing（CS5.5）（编辑（CS5.5））、Effects（效果）、Metalogging（元数据记录）、New Workspace（新建工作区）、Delete Workspace（删除工作区）、Reset Current Workspace（重置当前工作区）、Import Workspace from Projects（导入项目中的工作区）等命令（见图 1.40）。

（9）Help（帮助）

Help（帮助）菜单包括 Adobe Premiere Pro Help（Adobe Premiere Pro 帮助）、Adobe Premiere Pro Support Center（Adobe Premiere Pro 支持中心）、Adobe Product Improvement Program（Adobe 产品改进计划）、Keyboard（键盘）、Product Registration（产品注册）、Deactivate（删除激活）、Updates（更新）、About Adobe Premiere Pro（关于 Adobe Premiere Pro）等命令（见图 1.41）。

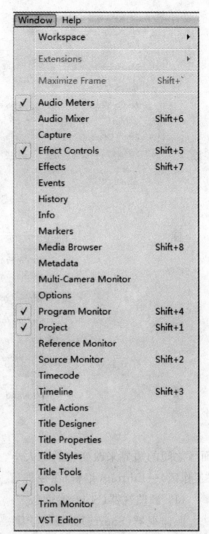

图　1.39

2. 面板

Premiere Pro CS6 默认的工作区为编辑器（Editing）工作区（见图 1.42）。它包含 2 个面板组和 4 个独立面板。任何一个面板都可以通过拖曳来改变它的位置，并可以通过拖曳

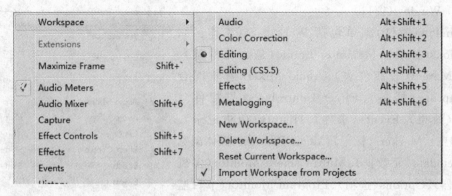

图 1.40

图 1.41

面板之间的边界来改变它们的大小。如果要恢复工作区,选择 Window(窗口)→Workspace(工作区)→Editing(编辑)命令即可。

(1) 源监视器(Source)面板

源监视器(Source)面板位于第一行左半部分的面板组中(见图 1.42),可以通过它来回放剪辑(见图 1.43)。

第一行控件中, 00:00:00:00 为播放指示器位置,可以通过输入数字来改变当前时间码,有利于准确地编辑视频。 Fit 为缩放选项,可以通过它来改变显示百分比(见图 1.44)。 为仅拖动视频按钮,当用鼠标左键按住这个按钮向时间轴拖动的时候,将仅将该剪辑的视频拖动到到时间轴上,而不包含它的音频。 为仅拖动音频按钮,当用鼠标左键按住这个按钮向时间轴拖动的时候,将仅将该剪辑的音频拖动到时间轴上,而不包含它的视频。 1/2 为回放分辨率,用来设置回放剪辑时的显示分辨率(见图 1.45)。 为设置按钮,可以设置 Gang Source and Program(绑定源与节目)、Composite Video(合成视频)、Audio Waveform(音频波形)、Alpha、All Scopes(所有示波器)、Vectorscope(矢量示波器)、

图 1.42

图 1.43

YC Waveform（YC 波形）、YCbCr Parade（YCbCr 分量）、RGB Parade（RGB 分量）、Vect/YC Wave/YCbCr Parade（矢量/YC 波形/YCbCr 分量）、Vect/YC Wave/RGB Parade（矢量/YC 波形/RGB 分量）、Display First Field（显示第一个场）、Display Second Field（显示第二个场）、Display Both Fields（显示双场）、Playback Resolution（回放分辨率）、Paused Resolution（暂停分辨率）、Loop（循环）、Show Transport Controls（显示传送控件）、Show Audio Time Units（显示音频时间单位）、Show Markers（显示标记）、Show Dropped Frame Indicator（显示丢帧指示器）、Time Ruler Numbers（时间标尺数字）、Safe Margins（安全边距）、Playback Settings（回放设置）等（见图 1.46）。 `00:00:11:13` 为入点/出点持续时间，显示了当前剪辑入点到出点的总时间长度。如果没有设置入点和出点，则显示的是当前剪辑的总时间长度。

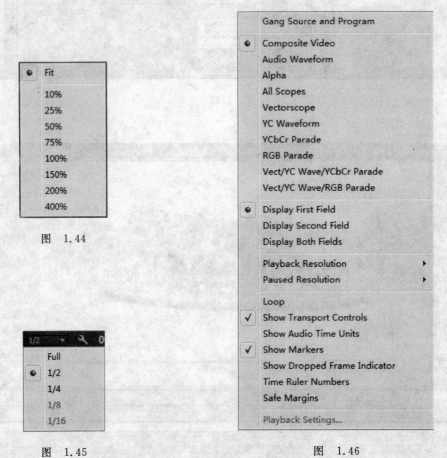

图 1.44

图 1.45　　　　　　　　　　　　图 1.46

第二行控件包含缩放滚动条和播放指示器等控件。 为播放指示器，拖动它来改变时间码。

第三行控件中，▼为添加标记按钮，{ 为标记入点按钮，} 为标记出点按钮，|← 为转到入点按钮，◀| 为逐帧后退按钮，▶ 为播放-停止切换按钮，|▶ 为逐帧前进按钮，→| 为转到出点按钮，🖵 为插入按钮，🖵 为覆盖按钮，📷 为导出帧按钮，+ 为按钮编辑器。

（2）节目监视器（Program）面板

节目监视器（Program）面板位于第一行右半部分（见图1.42），可以通过它来回放序列（见图1.47）。

图　1.47

节目监视器（Program）的控件大多数与源监视器（Source）的控件相同，可以参考前面的内容；只有少数控件不同。其中，🖵 为提升按钮，🖵 为提取按钮。

（3）效果控制（Effect Controls）面板

效果控制（Effect Controls）面板位于源监视器（Source）面板所在的面板组中，可以通过它来制作与众不同的视频效果和音频效果（见图1.48）。应用不同的效果，会出现不同的参数。

（4）音轨混合器（Audio Mixer）面板

音轨混合器（Audio Mixer）面板也位于源监视器（Source）面板所在的面板组中，可以通过它来调整轨道上的音频（见图1.49）。音轨混合器（Audio Mixer）模拟了一个音频混合板，提供淡化、音量滑块、效果以及发送等。

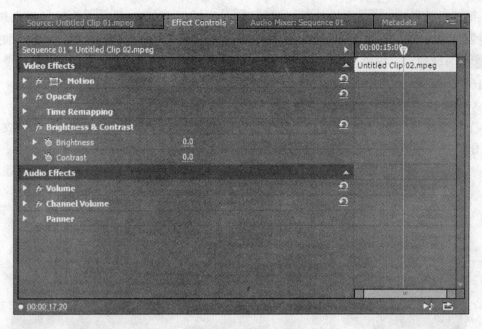

图 1.48

图 1.49

（5）元数据（Metadata）面板

元数据（Metadata）面板也位于源监视器（Source）面板所在的面板组中，可以通过它来查询剪辑（Clip）、文件（File）和语音分析（Speech Analysis）等数据信息（见图1.50）。

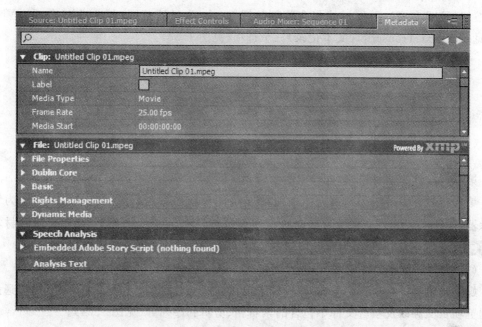

图　1.50

（6）项目（Project）面板

项目（Project）面板位于第二行左半部分的面板组中（见图1.42），可以通过它来管理项目中的剪辑（见图1.51）。

图　1.51

第一行控件中，"Untitled. prproj"为该项目名称，"3 Items"为该项目包含的剪辑数量。

第二行控件中，为内容过滤器，单击它右侧的下拉箭头会出现 Find Faces(查找脸部)按钮(见图1.52)，可以过滤包含脸部的视频；In 为过滤范围，包含 All(全部)、Visible(可见)和 Text Transcript(文本记录)三个选项(见图1.53)。

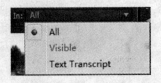

图　1.52　　　　　　　　　　　　　图　1.53

第三行控件为素材箱，包含导入的剪辑。

第四行控件中，▤ 为列表视图按钮，▢ 为图标视图按钮，◣ 为缩小按钮，⌂ 为缩放指示器，◤ 为放大按钮，▦ 为自动匹配序列按钮，◯ 为查找按钮，▭ 为新建素材箱按钮，▣ 为新建项按钮，🗑 为删除按钮。

(7) 媒体浏览器(Media Browser)面板

媒体浏览器(Media Browser)面板位于项目(Project)面板所在的面板组中，可以通过它来浏览项目文件以及项目文件中包含的素材箱、剪辑和序列等(见图1.54)。

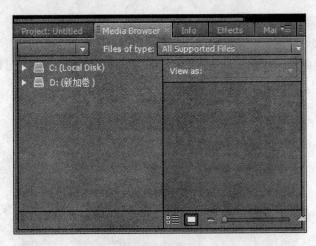

图　1.54

(8) 信息(Info)面板

信息(Info)面板位于项目(Project)面板所在的面板组中，可以通过它来查询所选文件以及所在序列的属性信息(见图1.55)。

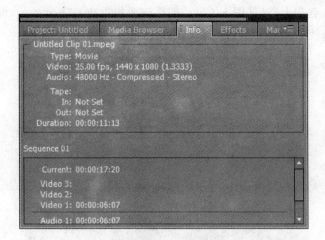

图 1.55

（9）效果（Effects）面板

效果（Effects）面板位于项目（Project）面板所在的面板组中，可以通过它来对剪辑添加效果（见图1.56）。

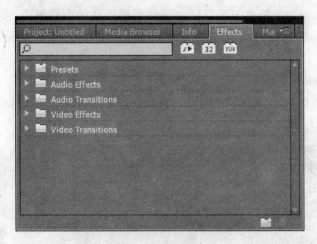

图 1.56

为查找效果文本框，可以通过输入效果名称来快速查找效果；为加速效果按钮，可以通过单击它来列出由GPU加速的效果；为32位颜色按钮，可以通过单击它来列出能够应用32位颜色的效果；为YUV效果按钮，可以通过单击它来列出使用YUV颜色模式的效果。

（10）标记（Markers）面板

标记（Markers）面板位于项目（Project）面板所在的面板组中，可以通过它来查询标记以及修改标记的入点和出点(见图1.57)。如果该面板没有被完全显示,可以向右拖动面板组上方的滚动条来使它完全显示。

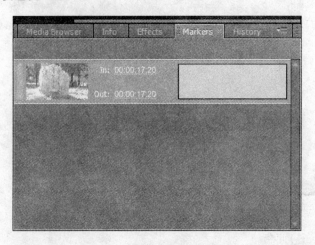

图 1.57

(11) 历史记录(History)面板

历史记录(History)面板位于项目(Project)面板所在的面板组中,可以通过它来浏览、删除动作的历史记录(见图1.58)。通过单击某条历史记录,就可以直接返回到该项动作时的状态。

(12) 工具(Tools)面板

工具(Tools)面板位于项目(Project)面板所在的面板组的右侧,可以通过它来选择处理剪辑的工具(见图1.59)。

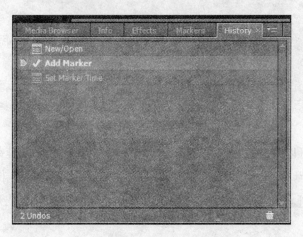

图 1.58

图 1.59

为选择工具，为轨道选择工具，为波纹编辑工具，为滚动编辑工具，为比率拉伸工具，为剃刀工具，为外滑工具，为内滑工具，为钢笔工具，为手形工具，为缩放工具。

(13) 时间轴(Timelines)面板

时间轴(Timelines)面板位于工具(Tools)面板的右侧，可以通过它来管理序列(见图1.60)。

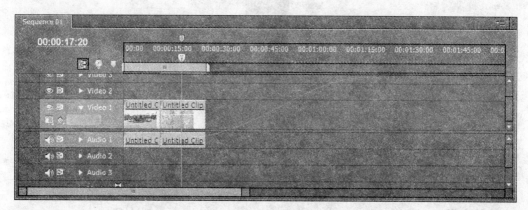

图   1.60

00:00:17:20为播放指示器位置，可以通过输入数字来改变播放指示器位置；为对齐按钮；为设置Encore章节标记按钮；为添加标记按钮；为切换轨道输出按钮；为切换同步锁定按钮；为切换锁定按钮，锁定后图标变为；为折叠展开轨道按钮；Video 1为轨道名；为设置显示样式按钮，可以通过它来设置Show Head and Tail(显示开始和结束)、Show Head Only(只显示开始)、Show Frames(显示帧)、Show Name Only(只显示名)和Show Markers(显示标记)(见图1.61)；为显示关键帧按钮，可以通过它来设置Show Keyframes(显示关键帧)、Show Opacity Handles(显示不透明度)和Hide Keyframes(隐藏关键帧)(见图1.62)；为转到上一关键帧按钮；为添加移除关键帧按钮；为转到下一关键帧按钮。

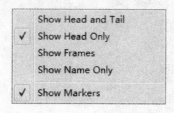

图   1.61

图   1.62

（14）音频仪表（Audio Meters）面板

音频仪表（Audio Meters）面板位于时间轴（Timelines）面板的右侧，可以通过它来管理音频的左右声道（见图 1.63）。两个"S"按钮分别为独奏左侧声道和独奏右侧声道按钮。

图　1.63

3. 状态栏

状态栏在工作区的最下面，用于显示提示、状态、警告或错误信息等。

练习题

1. DV 和 HDV 的区别是什么？
2. 什么是 PAL 制式和 NTSC 制式？
3. 什么是上场和下场？
4. 什么是入点和出点？

第2章

视频捕捉和素材导入

本章要点：

- 新建项目文件
- 视频捕捉
- 素材导入

2.1 新建项目文件

选择 File→New→Project 命令，或按快捷键 Ctrl＋Alt＋N。在 New Project 对话框中，视频显示格式选择 Timecode(时间码)，音频显示格式选择 Audio Samples(音频采样)，捕捉格式(Capture Format)选择 HDV，项目文件存储位置指定到"D：\CVideo"，项目文件名(Name)设置为 myvideo01，然后单击 OK 按钮(见图 2.1)。在 New Sequence 对话框中，可用预设(Available Presets)选择 HDV 下的 HDV 1080i25(50i)，然后单击 OK 按钮。

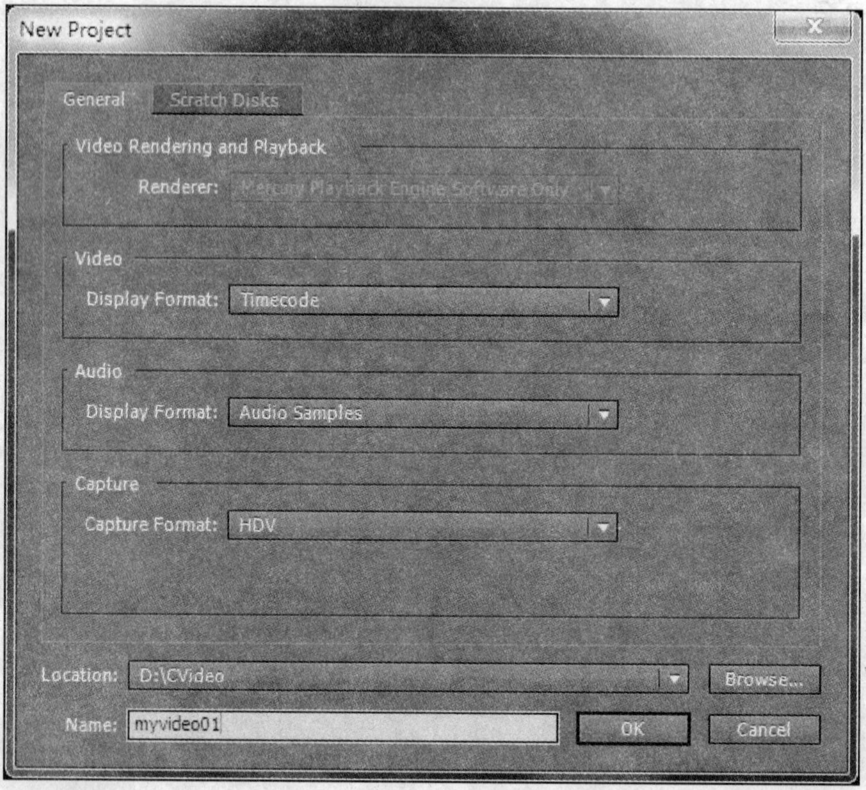

图 2.1

2.2 视频捕捉

Premiere 可以从录像带或摄像机中捕捉视频和音频。在这里，我们从高清 DV 带中捕捉视频和音频。

2.2.1 连接设备

首先，将高清 DV 带放入到摄像机或磁带录像机中。如果设备是摄像机，将其设置为 VCR 或者 VTR，即回放模式。按设备上的回退按钮，将磁带回退到开始位置。然后，将 1394 线的 4 针端口插入到摄像机的相应插口中(见图 2.2 和图 2.3)，将 1394 线的另一端 6 针端口插入到计算机后面板上 1394 卡的相应插口中(见图 2.4 和图 2.5)。

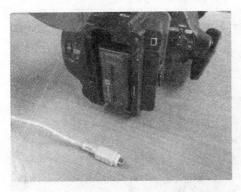

图 2.2

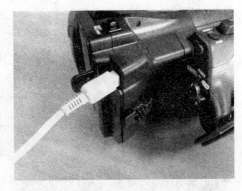

图 2.3

图 2.4

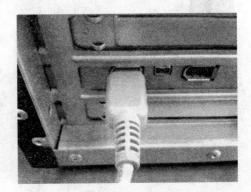

图 2.5

2.2.2 捕捉视频

选择 File→Capture 命令，或按快捷键 F5，打开 Capture 对话框（见图 2.6）。

其中，`00:27:16:14` 为播放指示器位置，可以通过输入数字来改变当前时间码，也可以通过鼠标左键向左或向右拖动时间码来改变，使磁带快速定位到指定位置；`00:00:00:00` 为入点时间码，可以通过输入数字或鼠标拖动来改变；`00:00:00:00` 为出点时间码，也可以通过输入数字或鼠标拖动来改变；`00:00:00:01` 为入点到出点的持续时间，也可以通过输入数字或鼠标拖动来改变；`{` 为标记入点按钮；`}` 为标记出点按钮；`◄◄` 为回退按钮，可以控制磁带的回退；`◄|` 为逐帧后退按钮，可以控制磁带逐帧后退；`|►` 为播放按钮，可以控制磁带正常播放；`|►` 为逐帧前进按钮，可以控制磁带逐帧前进；`►►` 为快进按钮，可以控制磁带快速前进；`||` 为暂停按钮，可以控制磁带暂停；`■` 为停止按钮，可以控制磁带停止播放；`●` 为录制按钮，可以启动捕捉；`|←` 为转到入点按钮；`→|` 为转到出点

图 2.6

按钮；为往复按钮，可以控制磁带回退和快进的速度；为微调按钮，可以控制磁带后退或前进到临近的帧；为场景检测按钮。

在右侧的记录（Logging）面板中，Tape Name 为磁带名称，Clip Name 为剪辑名称，Description 为对剪辑的描述，Scene 为场景，Shot/Take 为拍摄/获取，Log Note 为记录注释，Set In 为标记入点按钮，Set Out 为标记出点按钮，Log Clip 为记录剪辑按钮，Handles 为过渡帧。

在设置（Settings）面板（见图 2.7）中，单击 Edit（编辑）按钮可以设置捕捉格式，可以选择 DV 和 HDV 两种格式（见图 2.8）。通过 Capture Locations（捕捉位置）选项组可以设置捕捉的保存位置。应该指定格式化为 NTFS 文件格式的分区作为保存位置，不要使用 FAT32 分区格式，因为这种分区不支持大型文件，而我们捕捉后的文件往往都很大。另外，也不要把捕捉文件保存到网络硬盘、网络计算机、优盘或者移动硬盘上，因为它们通常速度会很慢，而且 Premiere Pro 需要始终访问已经应用的素材文件。如果存储设备脱机，那么

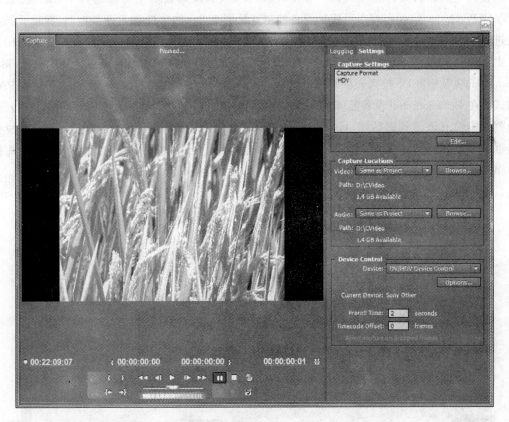

图 2.7

图 2.8

存储在其上的素材文件将不可用。在 Device(设备)下拉列表框中可以选择 None(无)或者 DV/HDV Device Control(DV/HDV 设备控制)(见图 2.9),如果选择无设备控制,播放、回退、快进、标记入点、标记出点等按钮都将失效,仅停止、录制和场景检测按钮可用(见图 2.10)。单击 Options(选项)按钮可以设置 DV/HDV 设备的捕捉设置(见图 2.11)。其中,在 Video Standard(视频标准)下拉列表框中可以选择 NTSC 和 PAL(见图 2.12),一般情况下选择 PAL 制式。在 Device Brand(设备品牌)下拉列表框中可以选择捕捉设备的品牌名(见图 2.13),如果列表中没有该设备的品牌,可以选择 Generic(通用)。在 Device Type(设备类型)下拉列表框中可以选择捕捉设备型号(见图 2.14),如果列表中没有该设备的型号,可以选择 Standard(标准)。

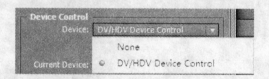

图　2.9

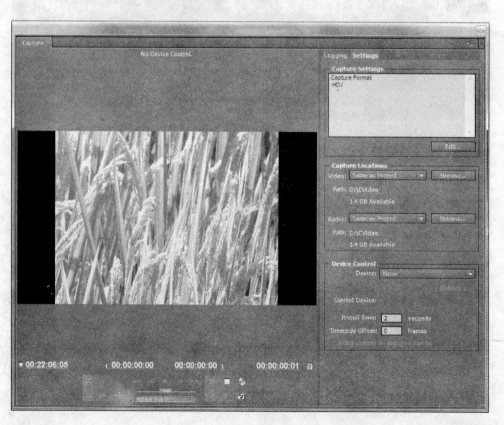

图　2.10

图 2.11   图 2.12

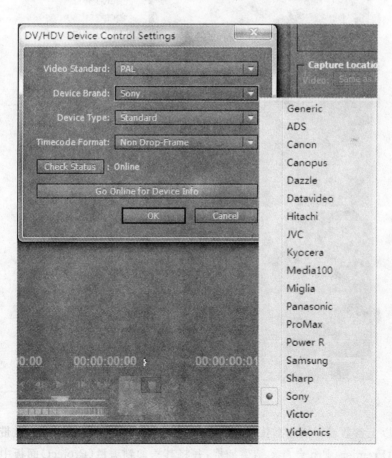

图 2.13

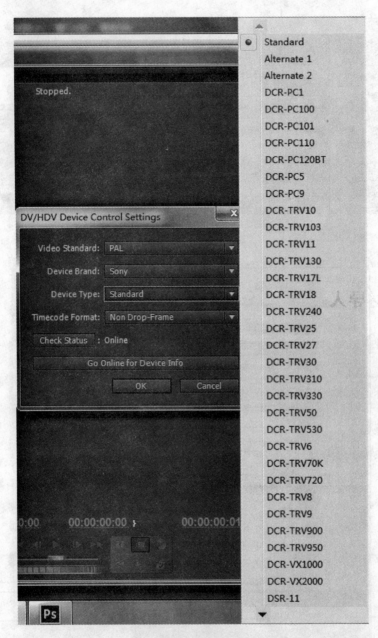

图 2.14

　　设置完以上参数或者使用默认值,单击录制按钮,即开始 DV 的捕捉。磁带中间有空白或者结束时,Premiere Pro 会自动结束捕捉,并将其添加到项目(Project)面板中。单击项目(Project)面板左下角的列表视图按钮,使项目变成列表模式(见图 2.15)。

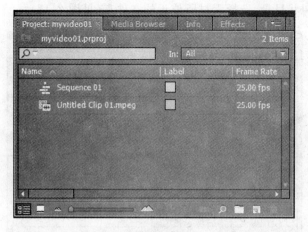

图 2.15

2.3 素材导入

素材的导入和捕捉是完全不同的。导入是将硬盘或者其他存储设备中的已有文件引入到项目中，以供编辑视频使用。Premiere Pro 能够导入很多类型的视频、图片和音频，并且可以把 After Effects 等软件导出的 Premiere Pro 项目导入进来。

在 Premiere Pro 中，可以使用媒体浏览器或导入命令来导入文件。使用媒体浏览器导入文件的步骤如下。

（1）单击媒体浏览器（Media Browser）面板（见图 2.16）。

图 2.16

（2）单击左侧树状目录，选择素材所位于的文件夹（见图 2.17）。

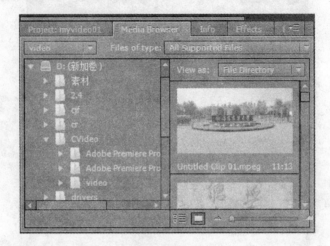

图　2.17

（3）单击面板下面的 List View（列表视图）按钮（见图 2.18）。

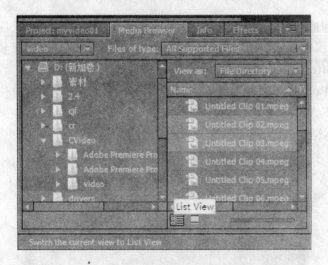

图　2.18

（4）选择要导入的素材。如果选择连续多个素材，可以单击第一个素材，然后按住键盘上的 Shift 键，再单击最后一个素材。如果选择不连续的多个素材，可以按住 Ctrl 键，再单击每一个要导入的素材。如果要导入该文件夹下的所有素材，可以按 Ctrl＋A 键来选择所有的素材。选择好要导入的素材后，右击选择好的素材。在右键弹出菜单中，选择 Import（导入）命令（见图 2.19），Premiere Pro 开始导入素材（见图 2.20）。

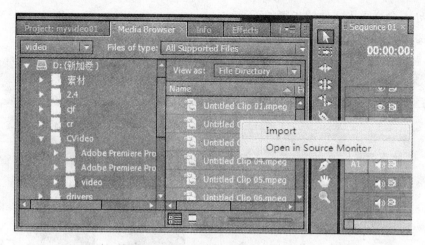

图 2.19

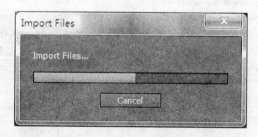

图 2.20

（5）在素材导入完成后，在项目（Project）面板中即可看到刚刚导入的素材（见图 2.21）。

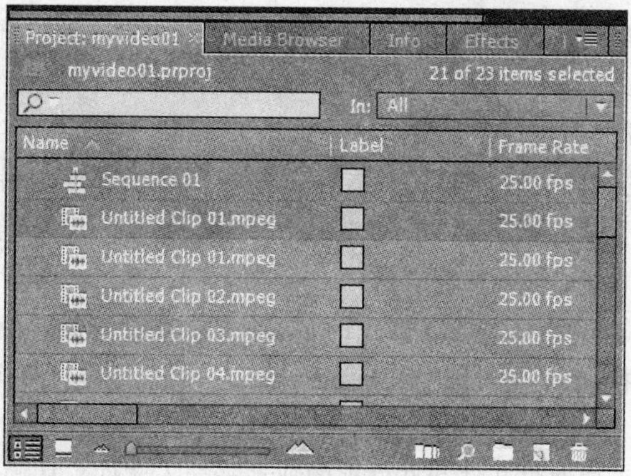

图 2.21

使用导入命令导入文件的步骤如下。

(1) 选择 File→Import 命令,打开 Import(导入)对话框(见图 2.22)。

图 2.22

(2) 在窗口左侧找到素材位于的文件夹,在右侧的素材中选择要导入的素材,然后单击"打开"按钮即开始导入素材。

有些时候,素材导入的过程会很慢。这是由于 Premiere Pro 要为某些类型的文件建立索引,或者要对导入的文件进行转码。只有在这些处理过程完成之后,才能完全编辑这些素材文件。对于未完全建立索引或未完成转码的文件,Premiere Pro 会在项目(Project)面板中以斜体的形式来显示。

如果要导入 Premiere Pro 不支持格式的素材文件,需要安装转换工具软件,例如格式工厂。先进行格式转换,然后再导入到 Premiere Pro。在进行格式转换的时候,尽可能不降低素材文件的质量。

Premiere Pro 也支持通过文件和文件夹的拖动来导入文件。从操作系统的资源管理器中直接将素材文件或文件夹拖入到项目(Project)面板,即可完成文件或文件夹的导入。当然,这些文件必须是 Premiere Pro 支持的文件格式。

练习题

1. 捕捉一段家庭视频或者课堂授课视频。
2. 使用三种不同的方法导入一段视频。

第3章

剪辑视频和音频

本章要点：
- 剪辑视频
- 剪辑音频

3.1 剪辑视频

剪辑已经导入的视频素材的步骤如下：

（1）在项目(Project)面板中，将素材文件 Untitled Clip 01. mpeg 拖动到右侧的时间轴面板的 Video 1 轨道上，并使该文件的起始位置和时间轴起点对齐（见图 3.1）。

图　3.1

（2）单击时间轴面板下面滚动条上的滑块右侧或者左侧的小方块按钮███向右慢慢拖动，放大时间轴显示（见图 3.2）。也可以单击工具面板上的缩放工具 ███ 或者按键盘上的 Z 键，然后在时间轴上单击数次或拖动来放大时间轴显示；当需要缩小的时候，按住 Alt 键在时间轴上单击或拖动即可。

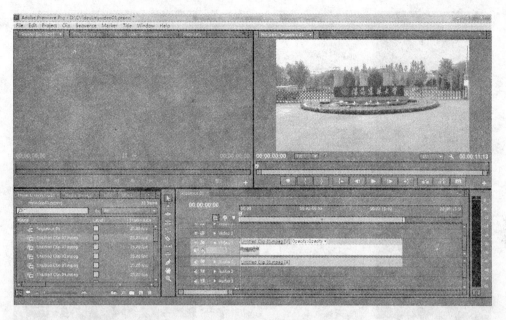

图 3.2

（3）拖动时间轴上的播放指示器 ，或者按空格键，或者单击节目监视器（Program）中的播放键，预览该段剪辑。

（4）将播放指示器 拖动到"00：00：02：00"处，单击左侧工具面板上的剃刀工具，然后单击播放指示器 下面 Video 1 轨道上的红线位置，将视频和音频切成两部分（见图 3.3）。

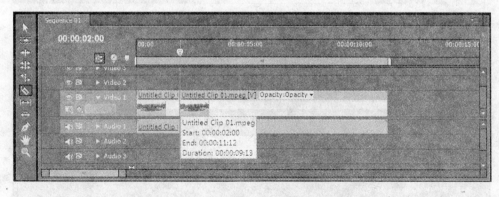

图 3.3

（5）右击第一段视频，在弹出菜单中选择波纹删除（Ripple Delete）命令（见图 3.4），删除之后的效果见图 3.5。

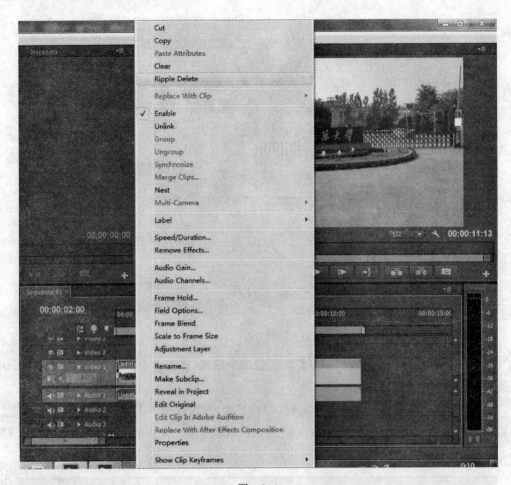

图　3.4

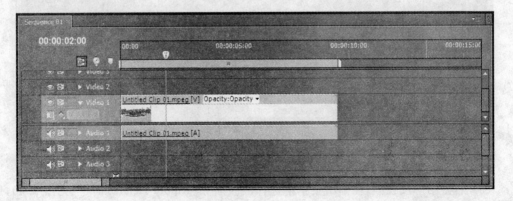

图　3.5

3.2 剪辑音频

剪辑音频的步骤如下:

(1) 右击 Audio 1 轨道上的音频,在弹出菜单中选择 Unlink(取消链接)(见图 3.6),取消之后的效果见图 3.7。可以看到取消链接之后,视频和音频上的文件名下划线没有了。

图 3.6

(2) 单击左侧工具面板上的选择工具,然后单击 Audio 1 轨道上的音频(见图 3.8)。

(3) 按键盘上的删除键,将 Audio 1 轨道上的音频删除(见图 3.9)。

(4) 将素材文件"D:\CVideo\片头曲.mp3"导入到项目(Project)面板中,然后将其拖

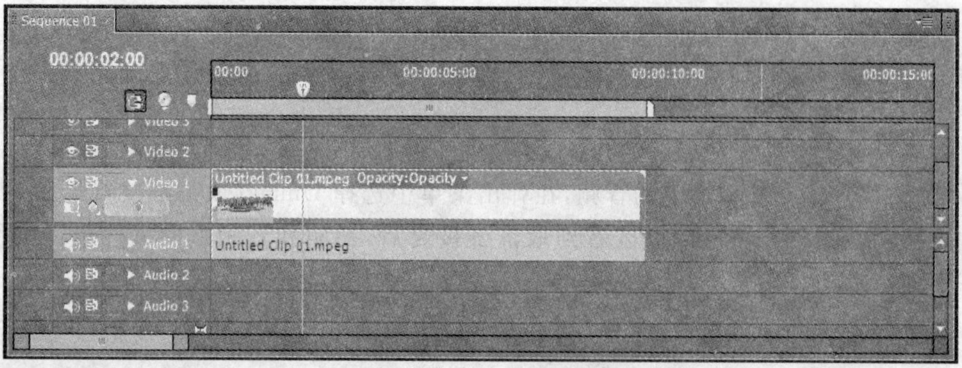

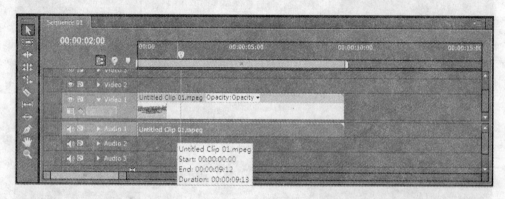

图　3.7

图　3.8

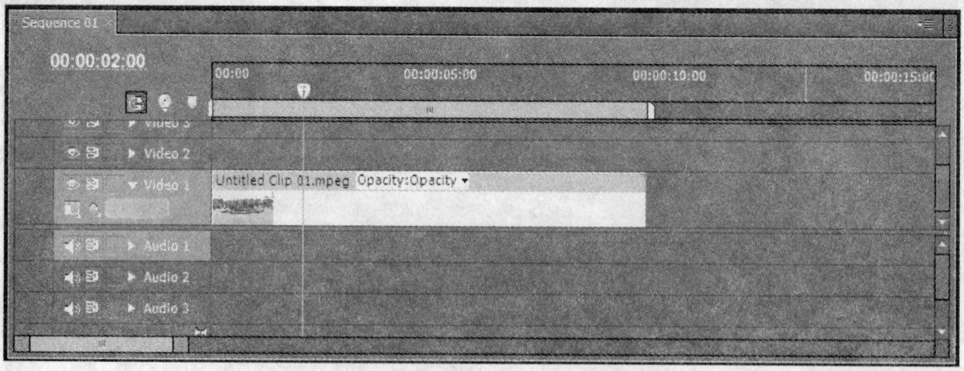

图　3.9

动到右侧的时间轴面板的 Audio 1 轨道上,并使该文件的起始位置和时间轴起点对齐(见图 3.10)。

(5) 单击 Audio 1 轨道的展开轨道按钮 ,展开该音频轨道,使音频波形可见(见图 3.11)。

图 3.10

图 3.11

（6）将播放指示器 拖动到"00:00:10:16"处（见图3.12）。

图 3.12

（7）单击左侧工具面板上的剃刀工具 ，然后单击播放指示器 下面 Audio 1 轨道上的红线位置，将该音频切成两部分（见图3.13）。

（8）右击第一段音频，在弹出菜单中选择 Ripple Delete（波纹删除），删除片头曲第一段（见图3.14）。

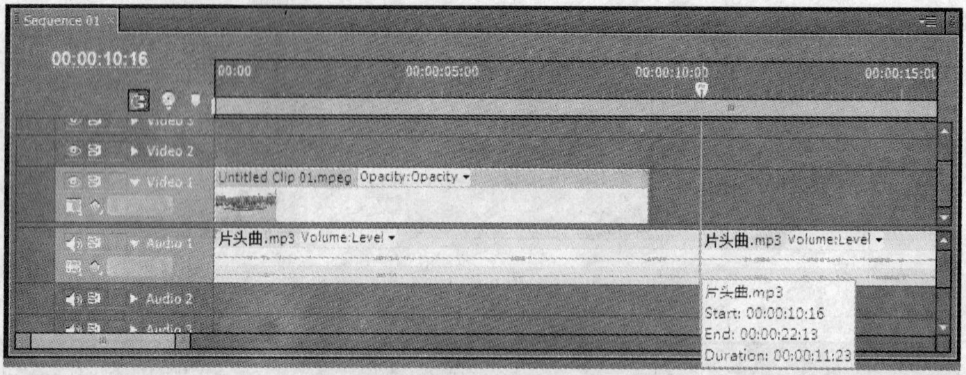

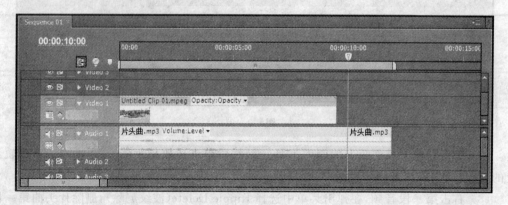

图 3.13

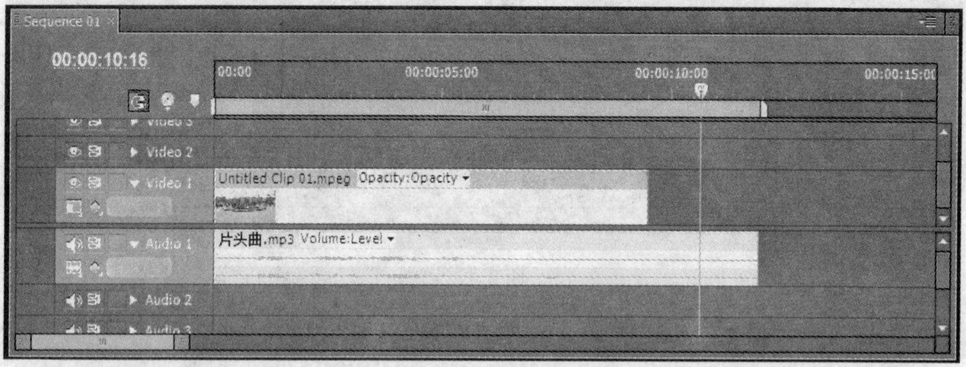

图 3.14

（9）将播放指示器拖动到"00:00:10:00"处,用剃刀工具将音频切成两部分(见图 3.15)。

图 3.15

（10）右击第二段音频，在弹出菜单中选择 Clear（清除），删除后面一段音频（见图 3.16）。

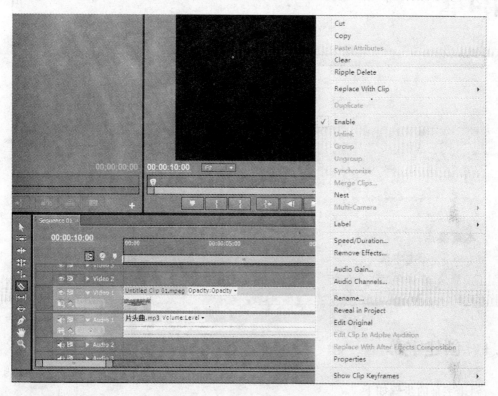

图 3.16

练习题

1. 对第 2 章捕捉的视频进行剪辑，删除其中镜头摇晃严重或者画面空白等处，并使各段视频首尾连贯。

2. 删除上题视频中噪声严重的音频，保留视频，给整段剪辑配合适的音乐。

第4章

字 幕 处 理

本章要点：
- 创建字幕
- 编辑字幕

4.1 创建字幕

创建字幕的步骤如下。

(1) Title→New Title→Default Still 命令（见图 4.1）。如果要创建滚动字幕，则选择 Default Roll（默认滚动字幕）。如果要创建横向滚动字幕，则选择 Default Crawl（默认游动字幕）。

(2) 在弹出的 New Title（新建字幕）对话框中，将 Name（名称）更改为"课程名"，然后单击 OK 按钮（见图 4.2）。新建字幕的 Video Settings（视频设置）参数是源于序列，可以重新设置新建字幕的 Width（宽度）、Height（高度）、Timebase（时基）和 Pixel Aspect Ratio（像素长宽比）等。

(3) 在新的对话框中，单击中间黑色的工作区域，然后输入"认识流体力学"（见图 4.3）。

在该对话框中，有字幕工具、字幕动作、字幕设计器、字幕样式（Title Styles）和字幕属性（Title Properties）等 5 个面板。

在字幕工具面板中，![选择工具图标]为选择工具，可以通过它来选择对象；![旋转工具图标]为旋转工具，可以通过它来拖动所选的对象使其旋转；![文字工具图标]为文字工具，可以通过它来输入横向的文字；![垂直文字工具图标]为垂直文字工具，可以通过它来输入竖向文字；![区域文字工具图标]为区域文字工具，可以通过它来输入大段的横向文字；![垂直区域文字工具图标]为垂直区域文字工具，可以通过它来输入大段的竖向文字；![路径文字工具图标]为路径文字

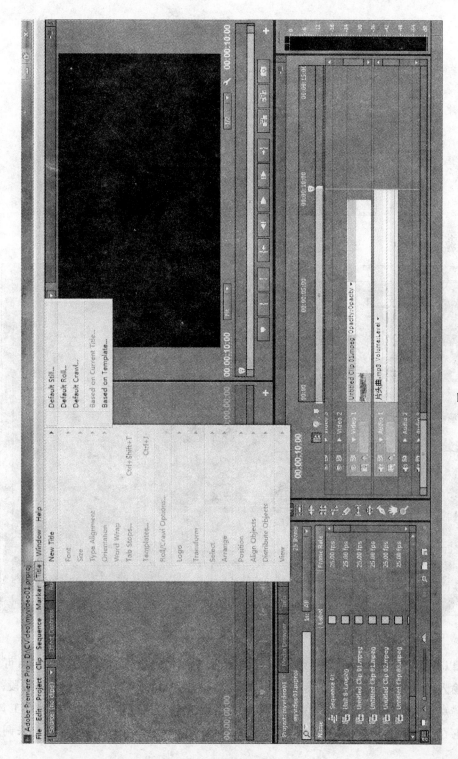

图 4.1

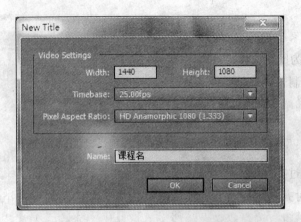

图　4.2

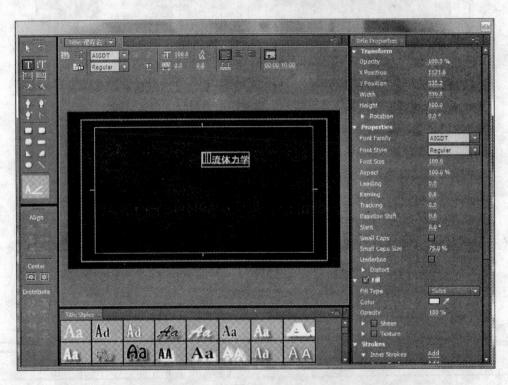

图　4.3

工具,可以通过它来输入沿着设定路径走向的横向文字; ✎ 为垂直路径文字工具,可以通过它来输入沿着设定路径走向的竖向文字; ✐ 为钢笔工具,可以通过它来绘制线段; ✎ 为删除锚点工具,可以通过它来删除用钢笔工具所画线段的锚点; ✐ 为添加锚点工具,可以通过它在用钢笔工具所画的线段上添加锚点; ▶ 为转换锚点工具,可以通过它来调整用钢笔工具所画线段的锚点和曲线；■为矩形工具，可以通过它来绘制矩形；■为圆角矩形工具，可以通过它来绘制带有圆角的矩形；■为切角矩形工具，可以通过它来绘制带有切角的矩形；■也为圆角矩形工具，可以通过它来绘制两端为半圆的矩形；■为楔形工具，可以通过它来绘制三角形；■为弧形工具，可以通过它来绘制弧形；■为椭圆工具，可以通过它来绘制椭圆和圆形，按住 Shift 键绘制则为圆形；■为直线工具，可以通过它来绘制直线段。

在字幕动作面板中，■为水平靠左对齐，可以通过它来设置多个对象左对齐；■为垂直靠上对齐，可以通过它来设置多个对象上对齐；■为水平居中对齐，可以通过它来设置多个对象水平居中对齐；■为垂直居中对齐，可以通过它来设置多个对象垂直居中对齐；■为水平靠右对齐，可以通过它来设置多个对象右对齐；■为垂直靠下对齐，可以通过它来设置多个对象下对齐；■为垂直居中，可以通过它来设置所选对象在画面的垂直方向上居中；■为水平居中，可以通过它来设置所选对象在画面的水平方向上居中；■为水平靠左分布，可以通过它来设置多个对象左侧在水平方向上均匀分布；■为垂直靠上分布，可以通过它来设置多个对象上边在垂直方向上均匀分布；■为水平居中分布，可以通过它来设置多个对象中线在水平方向上均匀分布；■为垂直居中分布，可以通过它来设置多个对象中线在垂直方向上均匀分布；■为水平靠右分布，可以通过它来设置多个对象右侧在水平方向上均匀分布；■为垂直靠下分布，可以通过它来设置多个对象下边在垂直方向上均匀分布；■为水平等距间隔，可以通过它来设置多个对象在水平方向上距离相等分布；■为垂直等距间隔，可以通过它来设置多个对象在垂直方向上距离相等分布。

在字幕设计器面板中，■为基于当前字幕新建字幕，可以通过它来新建字幕；■为滚动/游动选项，可以通过它来改变字幕是静止、滚动、向左游动，还是向右游动；■为模板，可以通过它来选择字幕模板；<code>AlGDT</code>为字体，可以通过它来选择字体；■为粗体，可以通过它来设置粗体；■为斜体，可以通过它来设置斜体；<code>Regular</code>为字体样式，可以通过它来设置字体的样式；■为下划线，可以通过它来设置字体的下划线；<code>100.0</code>为大小，可以通过左右拖动或修改数字来改变所选文字的字体大小；<code>0.0</code>为字偶间距，可以通过左右拖动或修改数字来改变所选文字的特定字符对的间距；■为行距，可以通过左右拖动或修改数字来改变所选文字的行距；■为靠左，可以通过它来设置所选的文字靠左排列；■为居中，可以通过它来设置所选的文字居中排列；■为右侧，可以通过它来设置所选的文字靠右排列；■为制表位，可以通过它来设置所选的文字制表位；■为显示背景视频，可以通过它来设置当前字幕是否显示时间轴上播放指示器所在位置的视频；<code>00:00:10:00</code>为背景视频时间码，可以通过左右拖动或修改数字来改变背景视频位置。

在字幕样式(Title Styles)面板中，Premiere Pro 给出了很多字幕样式，可以通过选择它来改变所选字幕的样式。

在字幕属性(Title Properties)面板中,包含六大类属性,分别是 Transform(变换)、Properties(属性)、Fill(填充)、Strokes(描边)、Shadow(阴影)和 Background(背景)。Transform(变换)包含 Opacity(不透明度)、X Position(X 位置)、Y Position(Y 位置)、Width(宽度)、Height(高度)和 Rotation(旋转)等属性值。Properties(属性)包含 Font Family(字体系列)、Font Style(字体样式)、Font Size(字体大小)、Aspect(方向)、Leading(行距)、Kerning(字偶间距)、Tracking(字符间距)、Baseline Shift(基线位移)、Slant(倾斜)、Small Caps(小型大写字母)、Small Caps Size(小型大写字母大小)、Underline(下划线)和 Distort(扭曲)等属性值。Fill(填充)包含 Fill Type(填充类型)、Color(颜色)、Opacity(不透明度)、Sheen(光泽)和 Texture(纹理)等属性值。Strokes(描边)包含 Inner Strokes(内描边)和 Outer Strokes(外描边)等属性值。Shadow(阴影)包含 Color(颜色)、Opacity(不透明度)、Angle(角度)、Distance(距离)、Size(大小)和 Spread(扩展)等属性值。Background(背景)包含 Fill Type(填充类型)、Color(颜色)、Opacity(不透明度)、Sheen(光泽)和 Texture(纹理)等属性值。

(4) 关闭当前对话框,在项目(Project)面板中出现字幕素材"课程名"(见图 4.4)。

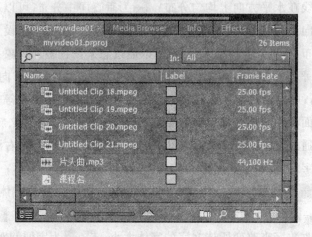

图　4.4

4.2　编辑字幕

刚刚建立的字幕需要修改,步骤如下:

(1) 在 Project(项目)对话框中,左键双击素材"课程名"前的字幕素材图标 。

(2) 在弹出的字幕对话框中,单击 Font Family(字体)右侧的下拉箭头,选择 SimHei 字体(见图 4.5)。它就是中文里的黑体。其他字体可以尝试选择,即能对应出相应的中文字体。

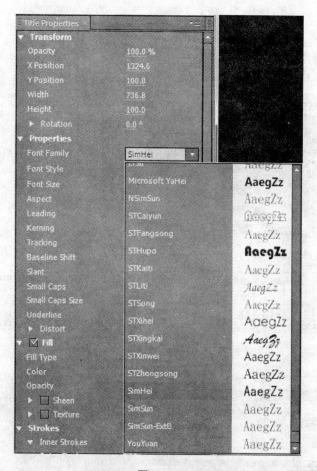

图 4.5

(3) 单击对话框左侧的选择工具 ,将文字拖动到如图4.6所示的位置。

(4) 将右侧的滚动条向下滑动,选择 Shadow(阴影)来给文字加点灰色调的阴影效果(见图4.7)。单击颜色(Color)右侧的色块,在打开的拾色器对话框中单击左下角偏上的颜色(见图4.8)。

在拾色器中,可以使用 HSB(色相、饱和、亮度)、HSL(色相、饱和度、明亮度)、RGB(红色、绿色、蓝色)或 YUV(明亮度和色差通道)等颜色模型来选择颜色,也可以使用十六进制值来指定颜色。如果选择了某种颜色,也将同时显示 HSB、HSL、RGB、YUV 颜色模式的分量值和十六进制颜色值。如果选中 Only Web Colors(仅 Web 颜色)复选框,则仅可以从轮基颜色中选择颜色(见图4.9)。

(5) 单击 OK 按钮。

(6) 关闭字幕编辑对话框。

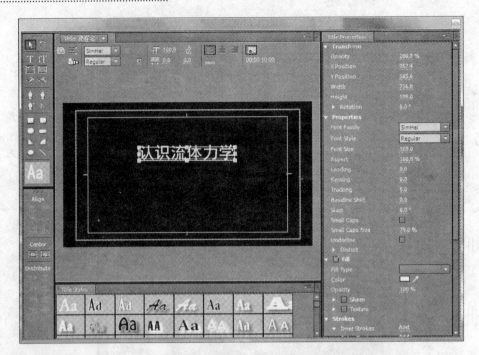

图 4.6

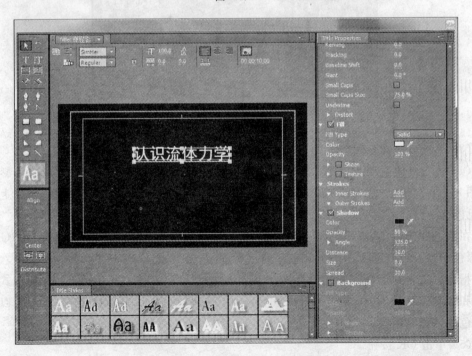

图 4.7

图 4.8

图 4.9

（7）将字幕素材"课程名"拖动到时间轴上的 Video 1 轨道后面，让它和前面的视频首位相接（见图 4.10）。

（8）将播放指示器 ![] 拖动到"00：00：15：00"处，然后拖动时间轴上的素材"课程名"的右边，使其延长到播放指示器 ![] 所在的位置（见图 4.11）。

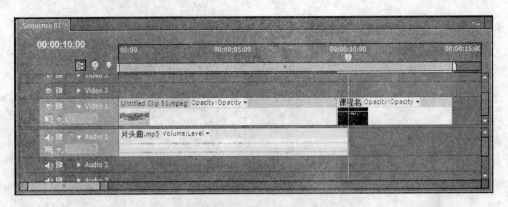

图　4.10

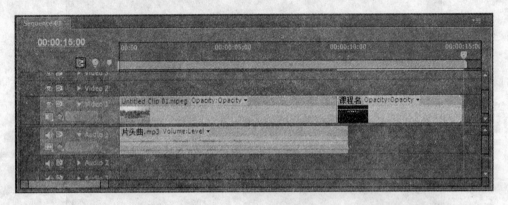

图　4.11

练习题

在第 3 章练习的视频前面叠加静态字幕,在后面添加滚动字幕,并设置合适的字体大小、字符间距、行距、颜色和不透明度等。

第5章

视 频 过 渡

本章要点:
- 应用视频过渡效果
- 调整视频过渡效果

5.1 应用视频过渡效果

使用视频过渡效果的步骤如下:

(1) 在项目(Project)面板中,将素材文件"Unit 8-1. mpeg"拖动到时间轴上的 Video 1 轨道后面,让它和前面的字幕首位相接(见图 5.1)。

(2) 单击效果(Effects)面板,单击 Video Transitions(视频过渡)→Dissolve(溶解),拖动 Dip to Black(渐隐为黑色)效果到时间轴上的剪辑"Untitled Clip 01. mpeg"的尾部,并拖动播放指示器 到其前面,向后慢慢拖动播放指示器 预览过渡效果(见图 5.2)。

在 Video Transitions(视频过渡)效果中,有 10 大类过渡效果,分别是 3D Motion(3D 运动)、Dissolve(溶解)、Iris(划像)、Map(映射)、Page Peel(页面剥落)、Slide(滑动)、Special Effect(特殊效果)、Stretch(伸缩)、Wipe(擦除)和 Zoom(缩放)等(见图 5.3)。

在 3D Motion(3D 运动)视频过渡效果中,有 10 种过渡效果,分别是 Cube Spin(立方体旋转)、Curtain(帘式)、Doors(门)、Flip Over(翻转)、Fold Up(向上折叠)、Spin(旋转)、Spin Away(旋转离开)、Swing In(摆入)、Swing Out(摆出)和 Tumble Away(筋斗过渡)等(见图 5.4)。

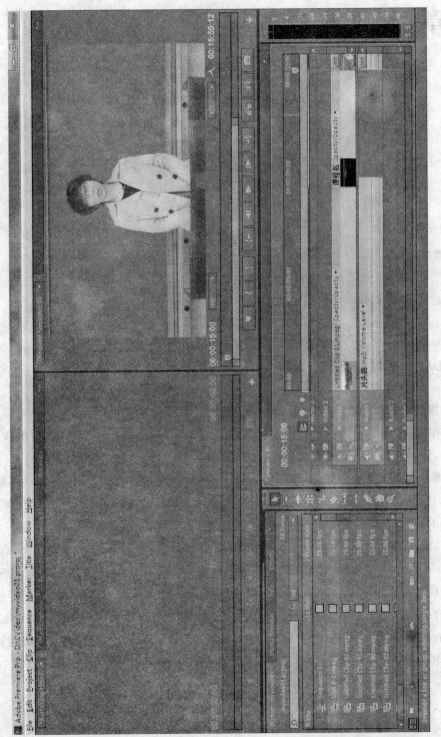

图 5.1

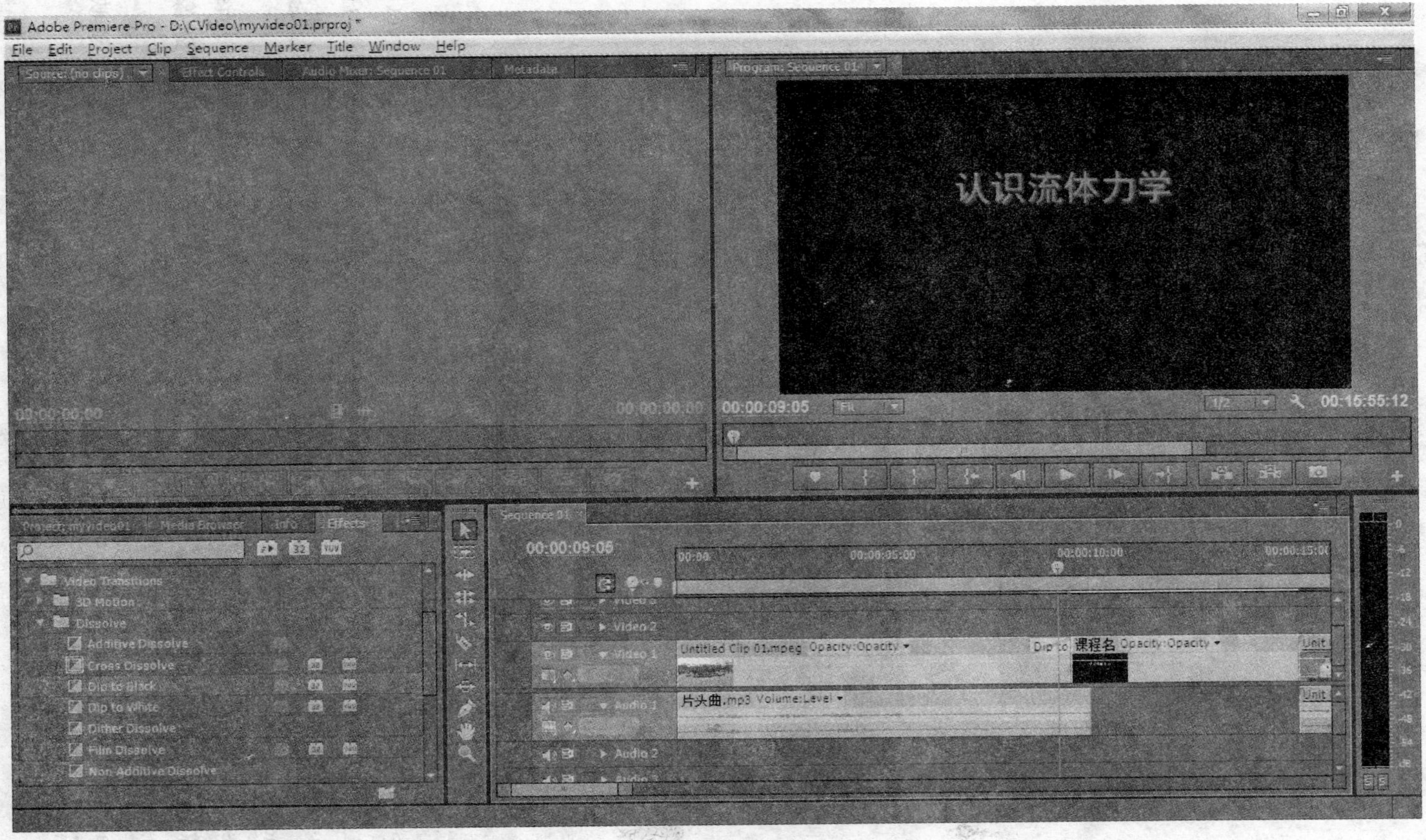
Adobe Premiere Pro - D:\CVideo\myvideo01.prproj *
File Edit Project Clip Sequence Marker Title Window Help
认识流体力学
00:00:09:05
00:15:55:12
Sequence 01
00:00:09:05
Video Transitions
3D Motion
Dissolve
Additive Dissolve
Cross Dissolve
Dip to Black
Dip to White
Dither Dissolve
Film Dissolve
Non-Additive Dissolve
Video 2
Video 1
Untitled Clip 01.mpeg Opacity:Opacity
课程名 Opacity:Opacity
片头曲.mp3 Volume:Level
Audio 1
Audio 2

图 5.2

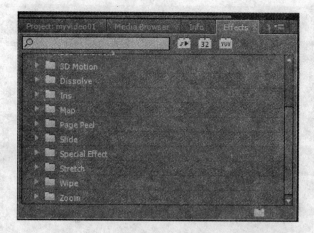

图 5.3

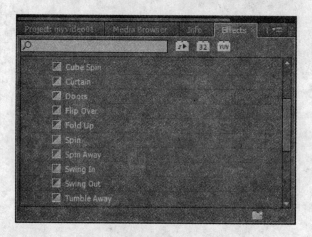

图 5.4

在 Dissolve(溶解)视频过渡效果中,有 8 种过渡效果,分别是 Additive Dissolve(叠加溶解)、Cross Dissolve(交叉溶解)、Dip to Black(渐隐为黑色)、Dip to White(渐隐为白色)、Dither Dissolve(抖动溶解)、Film Dissolve(胶片溶解)、Non-Additive Dissolve(非叠加溶解)和 Random Invert(随机反转)等(见图 5.5)。

在 Iris(划像)视频过渡效果中,有 7 种过渡效果,分别是 Iris Box(盒形划像)、Iris Cross(交叉划像)、Iris Diamond(菱形划像)、Iris Points(点划像)、Iris Round(圆划像)、Iris Shapes(形状划像)和 Iris Star(星形划像)等(见图 5.6)。

在 Map(映射)视频过渡效果中,有 2 种过渡效果,分别是 Channel Map(声道映射)和 Luminance Map(明亮度映射)等(见图 5.7)。

图　5.5

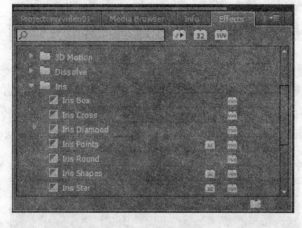

图　5.6

图　5.7

　　在 Page Peel(页面剥落)视频过渡效果中,有 5 种过渡效果,分别是 Center Peel(中心剥落)、Page Peel(页面剥落)、Page Turn(翻页)、Peel Back(剥开背面)和 Roll Away(卷走)等(见图 5.8)。

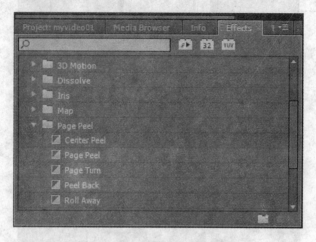

图　5.8

　　在 Slide(滑动)视频过渡效果中,有 12 种过渡效果,分别是 Band Slide(带状滑动)、Center Merge(中心合并)、Center Split(中心拆分)、Multi-Spin(多旋转)、Push(推)、Slash Slide(斜线滑动)、Slide(滑动)、Sliding Bands(滑动带)、Sliding Boxes(滑动框)、Split(拆分)、Swap(互换)和 Swirl(旋绕)等(见图 5.9)。

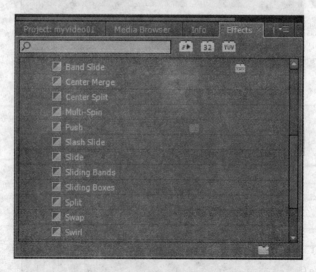

图　5.9

在 Special Effect(特殊效果)视频过渡效果中,有 3 种过渡效果,分别是 Displace(置换)、Texturize(纹理化)和 Three-D(三维)等(见图 5.10)。

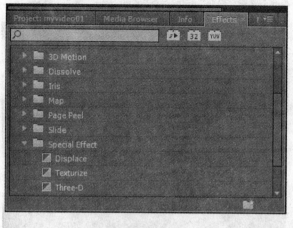

图　5.10

在 Stretch(伸缩)视频过渡效果中,有 4 种过渡效果,分别是 Cross Stretch(交叉伸展)、Stretch(伸展)、Stretch In(伸展进入)和 Stretch Over(伸展覆盖)等(见图 5.11)。

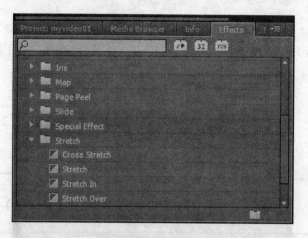

图　5.11

在 Wipe(擦除)视频过渡效果中,有 17 种过渡效果,分别是 Band Wipe(带状擦除)、Barn Doors(双侧平推门)、Checker Wipe(棋盘擦除)、CheckerBoard(棋盘)、Clock Wipe(时钟式擦除)、Gradient Wipe(渐变擦除)、Inset(插入)、Paint Splatter(油漆飞溅)、Pinwheel(风车)、Radial Wipe(径向擦除)、Random Blocks(随机块)、Random Wipe(随机擦除)、Spiral Boxes(螺旋框)、Venetian Blinds(百叶窗)、Wedge Wipe(楔形擦除)、Wipe(划出)和 Zig-Zag Blocks(水波块)等(见图 5.12)。

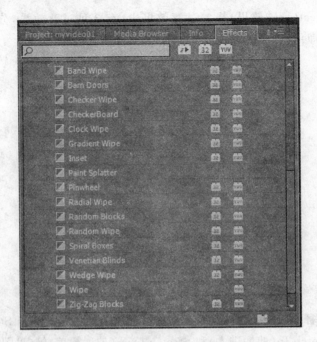

图　5.12

在 Zoom(缩放)视频过渡效果中,有 4 种过渡效果,分别是 Cross Zoom(交叉缩放)、Zoom(缩放)、Zoom Boxes(缩放框)和 Zoom Trails(缩放轨迹)等(见图 5.13)。

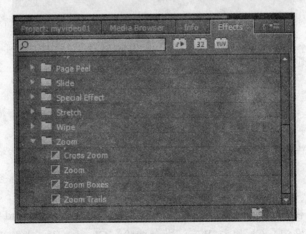

图　5.13

(3) 在时间轴上的剪辑"Unit 8-1. mpeg"的头部和尾部添加 Dip to Black(渐隐为黑色)的视频过渡效果,并拖动播放指示器 到其前面,向后慢慢拖动播放指示器 预览过渡效果。

5.2 调整视频过渡效果

调整视频过渡效果的步骤如下：

（1）单击时间轴上剪辑"Untitled Clip 01. mpeg"的尾部的渐隐为黑色效果图标（见图 5.14）。

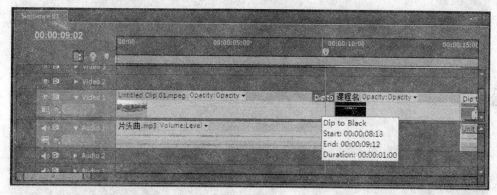

图 5.14

（2）单击左上方效果控件（Effect Controls）面板，向左拖动该面板右侧 fx 一行过渡块的起始线，然后再向右拖动过渡块的结束线，使过渡效果延长大约 1 秒钟（见图 5.15），然后预览调整后的视频效果。

在效果控件（Effect Controls）面板中显示的效果设置会由于不同的效果而不同，但是对于连接的剪辑都会以 A/B 格式显示。在 Dip to Black（渐隐为黑色）的效果设置中，■▶为显示/隐藏时间轴视图按钮，可以通过它来控制右侧时间轴视图的显示和隐藏；▶为播放过渡按钮，可以通过单击它在它下面的小黑框中播放从 A 到 B 的过渡效果；Duration 为持续时间，可以通过输入或左右拖动它右面的数字来改变过渡效果持续的时间；Alignment 为对齐方式，可以通过它来设置过渡效果切入的位置，包含 Center at Cut（中心切入）、Start at Cut（起点切入）、End at Cut（终点切入）和 Custom Start（自定义起点）等（见图 5.16）；Start 为效果开始百分比，可以通过输入或左右拖动它右面的数字来改变过渡效果开始的百分比位置，拖动 A 预览区域下面的滑块也可以改变该参数值；End 为效果结束百分比，可以通过输入或左右拖动它右面的数字来改变过渡效果结束的百分比位置，拖动 B 预览区域下面的滑块也可以改变该参数值；Show Actual Sources 为显示实际源选项，可以通过它将 A/B 模式转换为实际剪辑的帧（见图 5.17）。

（3）单击时间轴上剪辑"Unit 8-1. mpeg"的头部的渐隐为黑色效果图标。在效果控件（Effect Controls）面板中，向左拖动过渡块，使其尾部和剪辑"Unit 8-1. mpeg"的头部对齐，将 Duration（持续时间）修改为"00：00：02：00"（见图 5.18），然后预览调整后的视频效果。

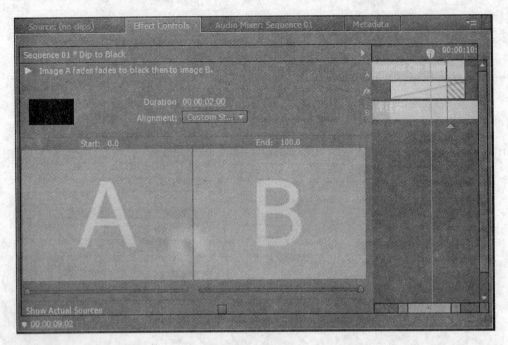

图　5.15

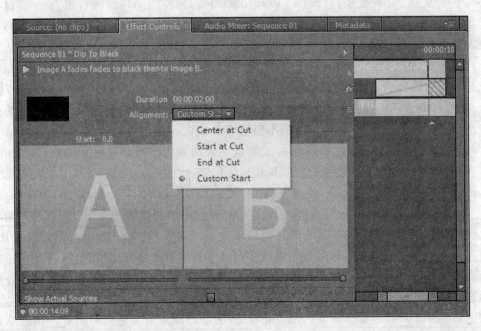

图　5.16

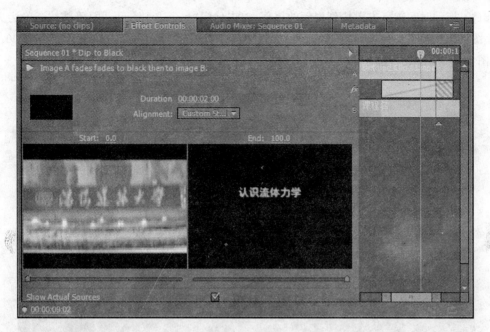

图 5.17

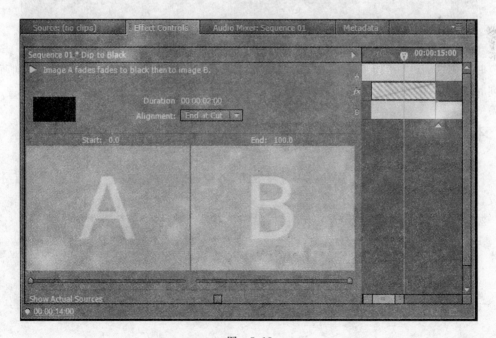

图 5.18

（4）拖动时间轴下方滑块到视频的尾部，单击剪辑"Unit 8-1. mpeg"的尾部的渐隐为黑色效果图标。在效果控件（Effect Controls）面板中，将 Duration（持续时间）修改为"00：00：00：12"（见图 5.19），然后预览调整后的视频效果。

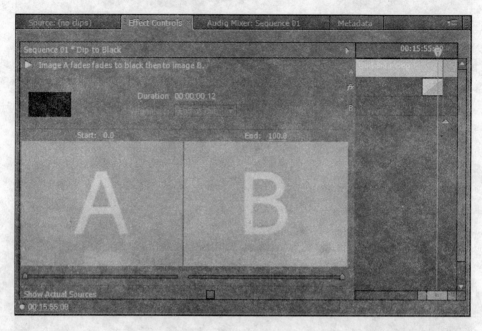

图 5.19

时间码"00：00：00：00"最后一段的两位数字表示的是帧数，它的值变化范围为 0 到所在序列时基的值，即视频每秒钟播放的帧数。

练习题

1. 在两段剪辑中间应用一种视频过渡效果，并修改它的持续时间、开始和结束百分比等设置。

2. 为什么时间码不能改为"00：00：01：59"？

第6章

演示文稿素材的应用和视频效果

本章要点：
- 将演示文稿中的素材应用到 Premiere 中
- 序列嵌套
- 视频效果应用和设置

6.1 制作背景序列

制作背景序列的步骤如下：

（1）将素材文件"背景.psd"导入到项目。导入过程中，在 Import Layered File（导入分层文件）对话框中，在 Import As（导入为）下拉列表框中选择 Individual Layers（各个图层）（见图 6.1）。

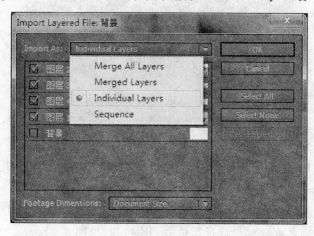

图　6.1

在 Import Layered File(导入分层文件)对话框中,Import As(导入为)下拉列表框包含 4 个选项,分别为 Merge All Layers(合并所有图层)、Merged Layers(合并的图层)、Individual Layers(各个图层)和 Sequence(序列)等。Footage Dimensions(素材尺寸)下拉列表框包含 2 个选项,分别为 Document Size(文档大小)和 Layer Size(图层大小)等(见图 6.2)。

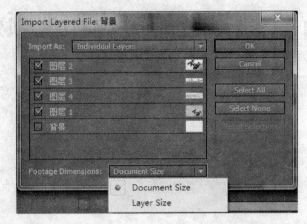

图　6.2

(2) 单击 OK 按钮。

(3) 在项目(Project)面板中,出现"背景"素材箱,展开该素材箱,能看到导入的 4 个图层的图片素材(见图 6.3)。

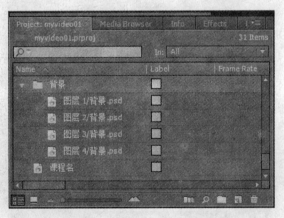

图　6.3

(4) 右击项目(Project)面板中的空白处,在弹出的快捷菜单中选择 New Item(新建项目)→Sequence(序列)命令(如图 6.4)。

(5) 在新建序列(New Sequence)对话框中,选择 HDV 中的"HDV 1080i25(50i)",Sequence Name(序列名称)改为"背景",单击 OK 按钮(见图 6.5)。

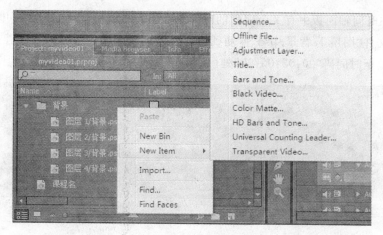

图 6.4

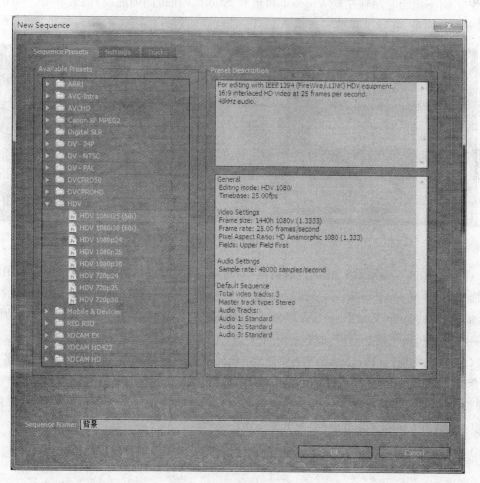

图 6.5

(6) 现在时间轴面板中有 2 个序列的时间轴面板。将项目(Project)面板中"背景"素材箱中的素材文件"图层 1/背景.psd"拖动到"背景"序列时间轴的 Video 1 轨道上,并拖动其尾部边线延长至时间码"00:02:00:00"处(见图 6.6)。

图　6.6

(7) 向下拖动时间轴左侧 Video 1 轨道和 Audio 1 轨道间的隔线,然后右击 Video 3 轨道上方的空白处,在弹出菜单中选择 Add Tracks(添加轨道)命令(见图 6.7)。

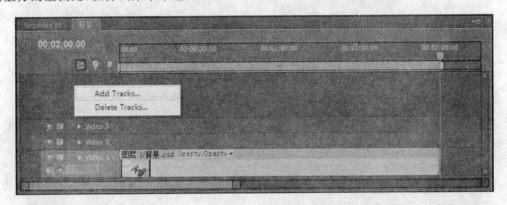

图　6.7

(8) 在 Add Tracks(添加轨道)对话框中,将 Video Tracks(视频轨道)选项组中的 Add(添加)改为 3 Video Track(s)(3 视频轨道),将 Audio Tracks(音频轨道)选项组中的 Add(添加)改为 0 Audio Track(s)(0 音频轨道)(见图 6.8)。这将会在 Video 3 轨道上添加 3 条新的视频轨道,而不增加音频轨道。

(9) 依次将项目(Project)面板中"背景"素材箱中的素材文件"图层 4/背景.psd"拖动到"背景"序列时间轴的 Video 2 轨道上,将素材文件"图层 3/背景.psd"拖动到"背景"序列时间轴的 Video 3、Video 4 和 Video 5 轨道上,将素材文件"图层 2/背景.psd"拖动到"背景"序列时间轴的 Video 6 轨道上(见图 6.9)。

(10) 用鼠标左键框选 Video 2 轨道到 Video 6 轨道的剪辑(见图 6.10)。

图 6.8

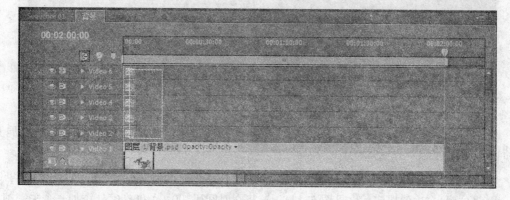

图 6.9

图 6.10

（11）拖动所选剪辑的尾部边线延长至时间码"00:02:00:00"处（见图6.11）。

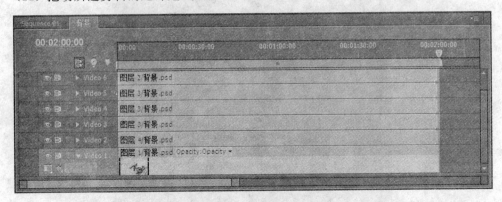

图　6.11

（12）单击"背景"序列时间轴的 Video 3 轨道上剪辑"图层 3/背景. psd"，然后单击效果控件（Effect Controls）面板。在效果控件（Effect Controls）面板中，展开 Motion（运动）设置（见图6.12）。

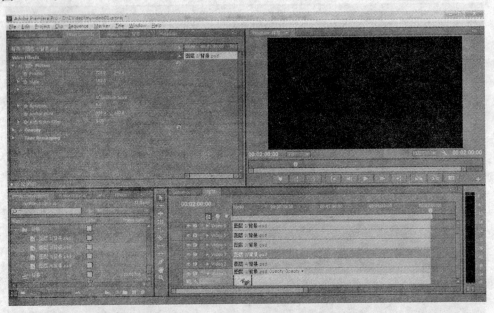

图　6.12

（13）将位置坐标改为 234.0 和 670.0，单击 Position（位置）左边的按钮，然后展开（见图6.13）。

（14）将"背景"序列时间轴上的播放指示器拖动到时间码"00:00:00:00"处，然后单击 Position（位置）右边的按钮（见图6.14）。这将在时间码"00:00:00:00"处添加一个关键帧。

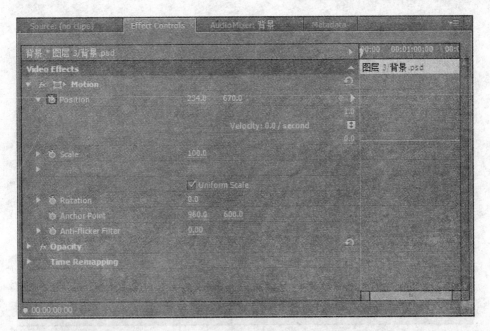

图 6.13

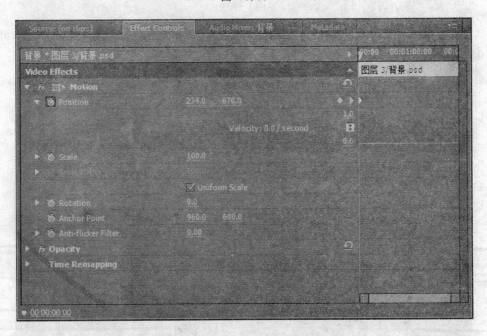

图 6.14

（15）将播放指示器 ▮ 拖动到时间码"00：00：40：00"处，然后单击添加关键帧按钮 ◆
添加一个关键帧（见图 6.15）。

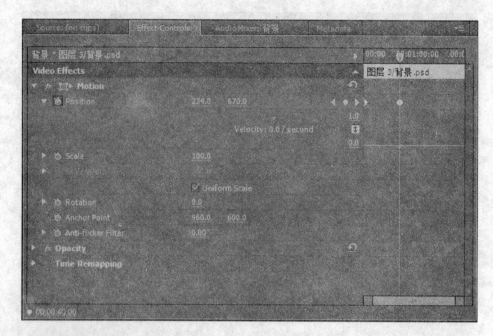

图　6.15

（16）单击添加关键帧按钮 ⊙ 左边的转到上一关键帧按钮 ◀ ，然后将坐标改为 2692.0 和 100.0（如图 6.16）。

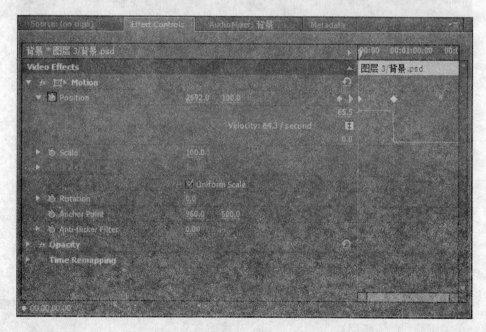

图　6.16

（17）重复步骤（12）到（16）的操作，将"背景"序列时间轴的 Video 4 轨道上剪辑"图层 3/背景. psd"在时间码"00:00:40:

00"和"00:01:20:00"之间实现移动效果动画（见图 6.17）。

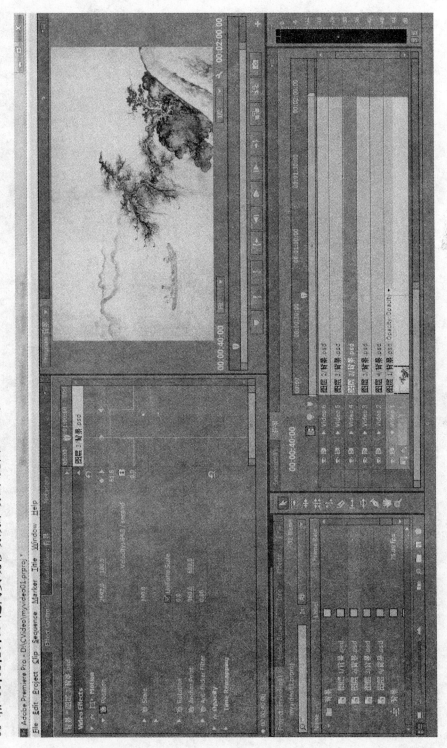

图 6.17

（18）重复步骤（12）到（16）的操作，将"背景"序列时间轴的 Video 5 轨道上剪辑"图层 3/背景.psd"在时间码"00:01:20:00"和"00:02:00:00"之间实现移动效果动画（见图 6.18）。

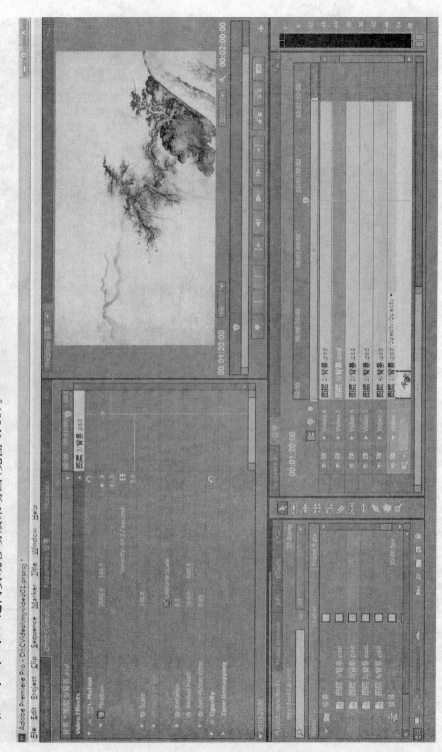

图 6.18

（19）单击效果（Effects）面板，然后单击 Video Effects（视频效果）→Distort（扭曲）。拖动 Wave Warp（波形变形）到"背景"序列时间轴的剪辑"图层 4/背景.psd"上，然后在效果控件（Effect Controls）面板中，修改 Wave Warp（波形变形）下的 Wave Height（波形高度）为 5，Wave Width（波形宽度）为 100（见图 6.19）。

图 6.19

（20）预览"背景"序列时间轴上整段视频的效果。单击各个轨道名左边的切换锁定按钮 ，锁定每个轨道（见图6.20）。

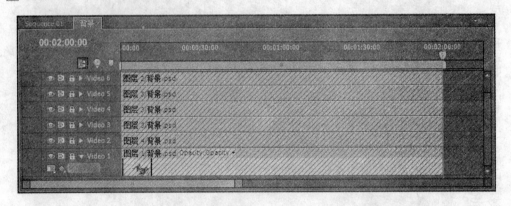

图　6.20

（21）关闭"背景"序列面板，然后按Ctrl＋S组合键保存项目文件。

在视频效果（Video Effects）中，有16大类过渡效果，分别是Adjust（调整）、Blur & Sharpen（模糊与锐化）、Channel（通道）、Color Correction（颜色校正）、Distort（扭曲）、Generate（生成）、Image Control（图像控制）、Keying（键控）、Noise & Grain（杂色与颗粒）、Perspective（透视）、Stylize（风格化）、Time（时间）、Transform（变换）、Transition（过渡）、Utility（实用程序）和Video（视频）等（见图6.21）。

图　6.21

在 Adjust(调整)视频效果中,有 9 种效果,分别是 Auto Color(自动颜色)、Auto Contrast(自动对比度)、Auto Levels(自动色阶)、Convolution Kernel(卷积内核)、Extract (提取)、Levels(色阶)、Lighting Effects(光照效果)、Shadow/Highlight(ProcAmp 和阴影/高光)等(见图 6.22)。

图　6.22

在 Blur & Sharpen(模糊与锐化)视频效果中,有 10 种效果,分别是 Antialias(消除锯齿)、Camera Blur(相机模糊)、Channel Blur(通道模糊)、Compound Blur(复合模糊)、Directional Blur(方向模糊)、Fast Blur(快速模糊)、Gaussian Blur(高斯模糊)、Ghosting(重影)、Sharpen(锐化)和 Unsharp Mask(非锐化遮罩)等(见图 6.23)。

图　6.23

在 Channel(通道)视频效果中,有 7 种效果,分别是 Arithmetic(算术)、Blend(混合)、Calculations(计算)、Compound Arithmetic(复合运算)、Invert(反转)、Set Matte(设置遮罩)和 Solid Composite(纯色合成)等(见图 6.24)。

图　6.24

在 Color Correction(颜色校正)视频效果中,有 17 种效果,分别是 Brightness &
Contrast(亮度与对比度)、Broadcast Colors(广播级颜色)、Change Color(更改颜色)、
Change to Color(更改为颜色)、Channel Mixer(通道混合器)、Color Balance(颜色平衡)、
Color Balance(HLS)(颜色平衡(HLS))、Equalize(均衡)、Fast Color Corrector(快速颜色
校正器)、Leave Color(分色)、Luma Corrector(亮度校正器)、Luma Curve(亮度曲线)、RGB
Color Corrector(RGB 颜色校正器)、RGB Curves(RGB 曲线)、Three-Way Color Corrector
(三向颜色校正器)、Tint(色调)和 Video Limiter(视频限幅器)等(见图 6.25)。

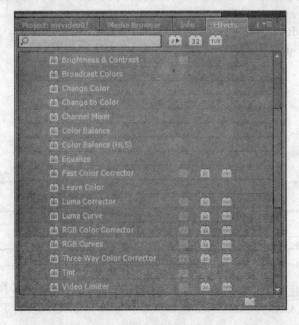

图　6.25

在 Distort(扭曲)视频效果中,有 13 种效果,分别是 Bend(弯曲)、Corner Pin(边角定位)、Lens Distortion(镜头扭曲)、Magnify(放大)、Mirror(镜像)、Offset(位移)、Rolling Shutter Repair(果冻效应修复)、Spherize(球面化)、Transform(变换)、Turbulent Displace(紊乱置换)、Twirl(旋转)、Warp Stabilizer(变形稳定器)和 Wave Warp(波形变形)等(见图 6.26)。

图 6.26

在 Generate(生成)视频效果中,有 12 种效果,分别是 4-Color Gradient(四色渐变)、Cell Pattern(单元格图案)、Checkerboard(棋盘)、Circle(圆形)、Ellipse(椭圆)、Eyedropper Fill(吸管填充)、Grid(网格)、Lens Flare(镜头光晕)、Lightning(闪电)、Paint Bucket(油漆桶)、Ramp(渐变)和 Write-on(书写)等(见图 6.27)。

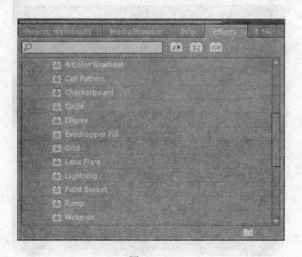

图 6.27

　　在 Image Control(图像控制)视频效果中,有 5 种效果,分别是 Black & White(黑白)、Color Balance (RGB)(颜色平衡(RGB))、Color Pass(颜色过滤)、Color Replace(颜色替换)和 Gamma Correction(灰度系数校正)等(见图 6.28)。

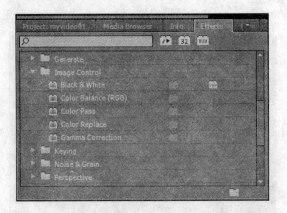

图　6.28

　　在 Keying(键控)视频效果中,有 15 种效果,分别是 Alpha Adjust(Alpha 调整)、Blue Screen Key(蓝屏键)、Chroma Key(色度键)、Color Key(颜色键)、Difference Matte(差值遮罩)、Eight-Point Garbage Matte(8 点无用信号遮罩)、Four-Point Garbage Matte(4 点无用信号遮罩)、(Image Matte Key 图像遮罩键)、Luma Key(亮度键)、Non Red Key(非红色键)、RGB Difference Key(RGB 差值键)、Remove Matte(移除遮罩)、Sixteen-Point Garbage Matte(16 点无用信号遮罩)、Track Matte Key(轨道遮罩键)和 Ultra Key(极致键)等(见图 6.29)。

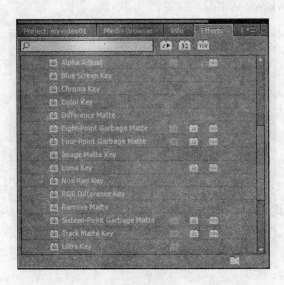

图　6.29

在 Noise & Grain(杂色与颗粒)视频效果中,有 6 种效果,分别是 Dust & Scratches(蒙尘与划痕)、Median(中间值)、Noise(杂色)、Noise Alpha(杂色 Alpha)、Noise HLS(杂色 HLS)和 Noise HLS Auto(杂色 HLS 自动)等(见图 6.30)。

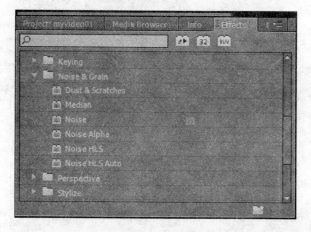

图 6.30

在 Perspective(透视)视频效果中,有 5 种效果,分别是 Basic 3D(基本 3D)、Bevel Alpha(斜面 Alpha)、Bevel Edges(斜角边)、Drop Shadow(投影)和 Radial Shadow(放射阴影)等(见图 6.31)。

图 6.31

在 Stylize(风格化)视频效果中,有 13 种效果,分别是 Alpha Glow(Alpha 发光)、Brush Strokes(画笔描边)、Color Emboss(彩色浮雕)、Emboss(浮雕)、Find Edges(查找边缘)、Mosaic(马赛克)、Posterize(抽帧)、Replicate(复制)、Roughen Edges(粗糙边缘)、Solarize(曝光过度)、Strobe Light(闪光灯)、Texturize(纹理化)和 Threshold(阈值)等(见图 6.32)。

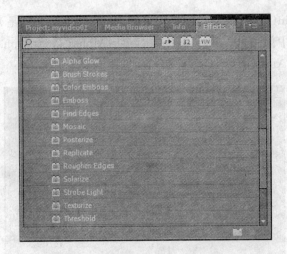

图 6.32

在 Time(时间)视频效果中,有 2 种效果,分别是 Echo(残影)和 Posterize Time(抽帧时间)等(见图 6.33)。

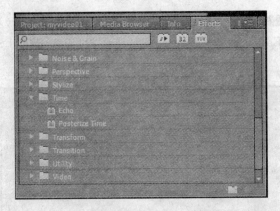

图 6.33

在 Transform(变换)视频效果中,有 7 种效果,分别是 Camera View(摄像机视图)、Crop(裁剪)、Edge Feather(羽化边缘)、Horizontal Flip(水平翻转)、Horizontal Hold(水平定格)、Vertical Flip(垂直翻转)和 Vertical Hold(垂直定格)等(见图 6.34)。

在 Transition(过渡)视频效果中,有 5 种效果,分别是 Block Dissolve(块溶解)、Gradient Wipe(渐变擦除)、Linear Wipe(线性擦除)、Radial Wipe(径向擦除)和 Venetian Blinds(百叶窗)等(见图 6.35)。

在 Utility(实用程序)视频效果中,有 1 种效果,是 Cineon Converter(Cineon 转换器)(见图 6.36)。

图　6.34

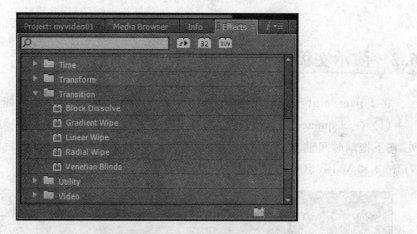

图　6.35

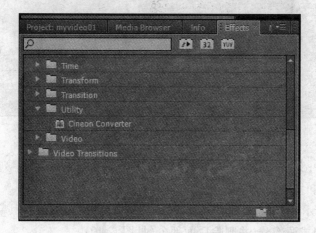

图　6.36

在 Video(视频)视频效果中,有 1 种效果,是 Timecode(时间码)(见图 6.37)。

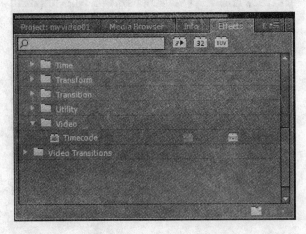

图 6.37

6.2 演示文稿素材的应用

将 PowerPoint 演示文稿中的素材应用到 Premiere Pro 中的步骤如下:

(1) 在 Sequence 01 时间轴面板中,将播放指示器 拖动到时间码"00:00:42:13"处,向下拖动时间轴左侧 Video 1 轨道和 Audio 1 轨道间的隔线,然后添加两个视频轨道 Video 4 和 Video 5(见图 6.38)。

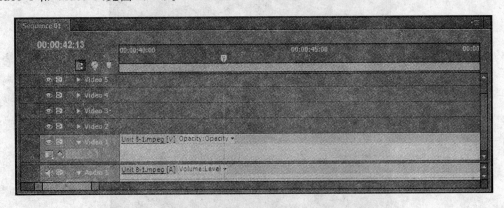

图 6.38

(2) 将项目(Project)面板中的"背景"序列拖动到 Sequence 01 序列时间轴的 Video 2 轨道上,使其头部和播放指示器 所在位置对齐(见图 6.39)。

(3) 将播放指示器 拖动到时间码"00:00:56:13"处,用剃刀工具 将 Video 2 轨道上的剪辑"背景"切成两部分,并删除后面部分(见图 6.40)。

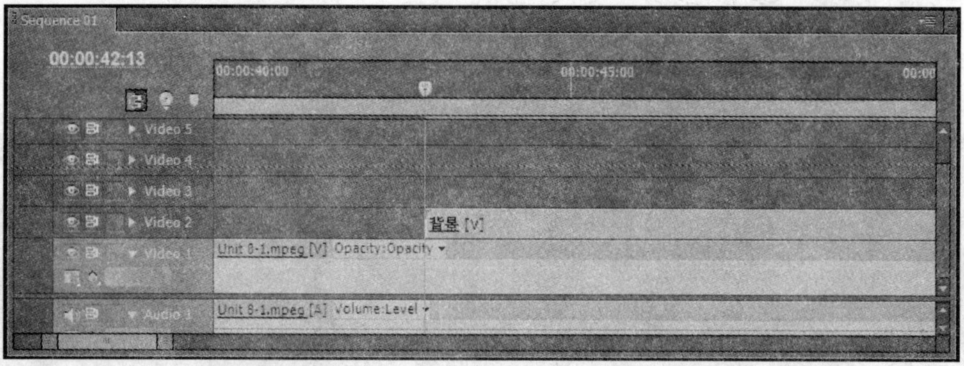

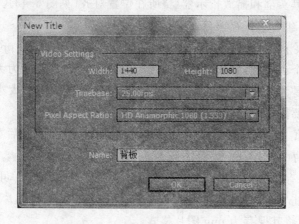

图 6.39

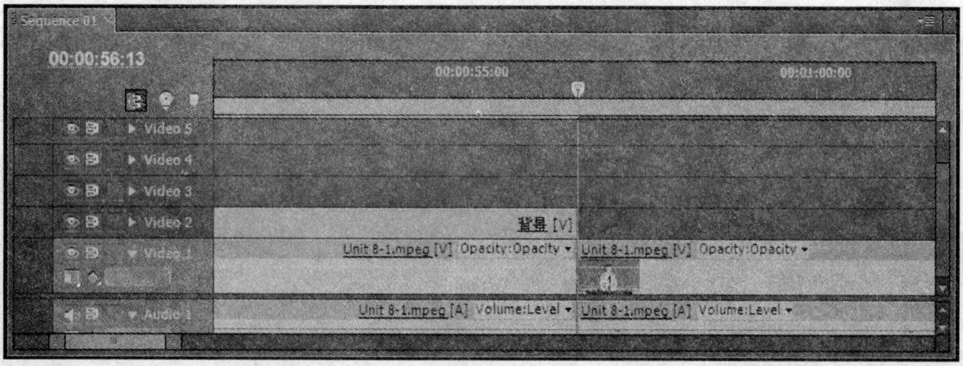

图 6.40

（4）将播放指示器 拖回到时间码"00：00：42：13"处。

（5）新建一个字幕素材文件,命名为"背板"（见图 6.41）。在安全区内画一个矩形,大

图 6.41

小、位置和安全区基本相同,选中 Fill(填充)复选框,Fill Type(填充类型)选择 Ghost(重影),并选中 Shadow(阴影)复选框(见图 6.42)。然后,关闭字幕编辑对话框。

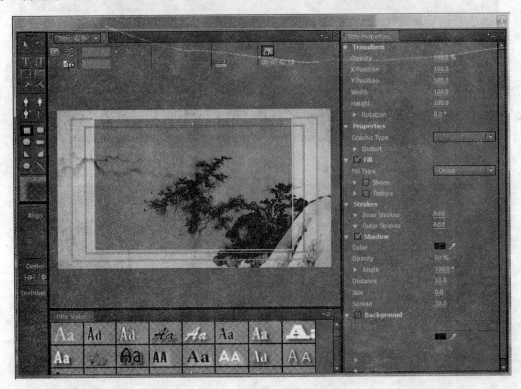

图　6.42

(6) 将项目(Project)面板中的字幕素材"背板"拖动到 Sequence 01 序列时间轴的 Video 3 轨道上,使其头部和播放指示器 🔻 所在位置对齐(见图 6.43)。

(7) 按 Ctrl+S 组合键保存项目文件。

(8) 打开文件夹 picture 中的 PowerPoint 文件"虹吸原理(一).ppt",在第 3 页的左上角和右下角绘制 2 个小矩形,并将其填充改为无填充,线条颜色改为无线条(见图 6.44)。绘制这 2 个小矩形是为了确定要保存图形的大小,使所保存的图形大小一致。将这 2 个小矩形复制到其他需要保存图片的幻灯片页。

(9) 选择第 3 页上所有的图形对象,包括 2 个透明的小矩形,然后右击它。在弹出的快捷菜单中,选择"另存为图片"命令(见图 6.45)。

(10) 将图片保存到文件夹 picture 中,"保存类型"选择"PNG 可移植网络图形格式(*.png)",然后单击"保存"按钮(见图 6.46)。png 图片格式支持图片透明,而 jpeg 图片格式不支持透明,所以将其保存为 png 图片格式。

图 6.43

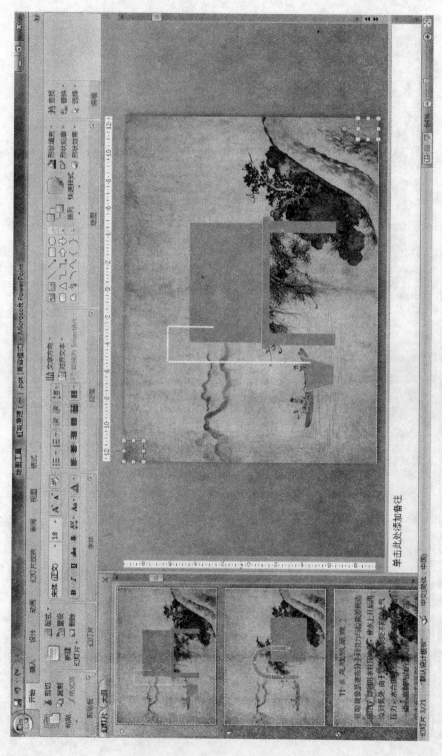

图 6.44

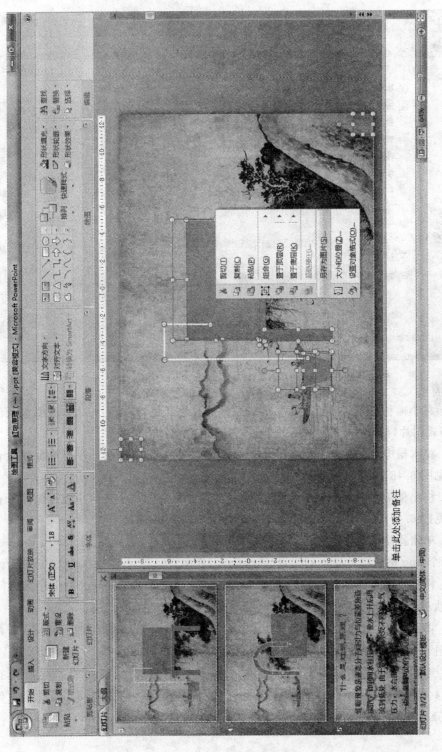

图 6.45

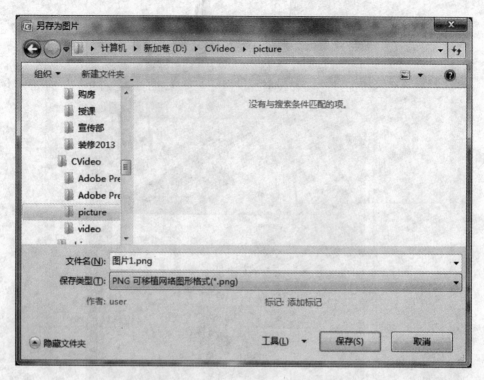

图　6.46

(11) 将小桶和水槽间的连接水管的线条颜色改为红色,并将它和 2 个透明小矩形保存为 png 格式图片(见图 6.47)。

(12) 将水槽中水的填充和线条颜色改为红色,并将它和 2 个透明小矩形保存为 png 格式图片(见图 6.48)。

(13) 将小桶中水的填充和线条颜色改为红色,并将它和 2 个透明小矩形保存为 png 格式图片(见图 6.49)。

(14) 单击操作系统下面任务栏上的 Premiere Pro 图标,切换回 Premiere Pro 软件,并将以上 4 个 png 格式图片导入到项目(Project)面板中。

(15) 将项目(Project)面板中的素材"图片 1. png"拖动到 Sequence 01 序列时间轴的 Video 4 轨道上,使其头部和播放指示器 所在位置对齐(见图 6.50)。

(16) 将素材"图片 2. png"拖动到 Video 5 轨道上,使其头部和播放指示器 所在位置对齐(见图 6.51)。

(17) 用剃刀工具 将剪辑"图片 2. png"在时间码"00:00:43:00"、"00:00:43:13"、"00:00:44:00"、"00:00:44:13"、"00:00:45:00"、"00:00:45:13"和"00:00:46:00"处切断(见图 6.52)。

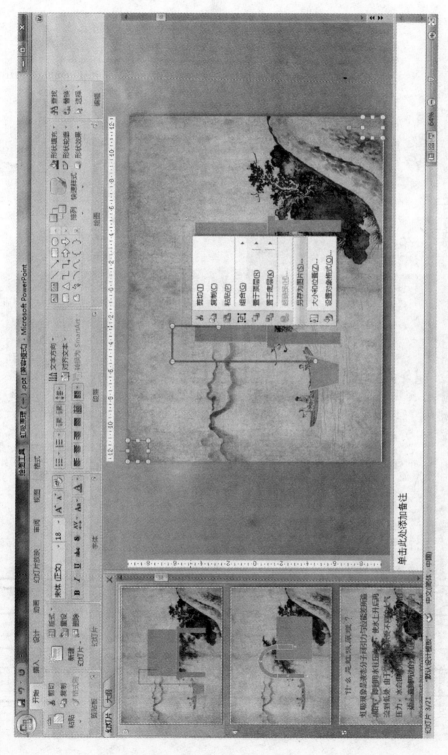

图 6.47

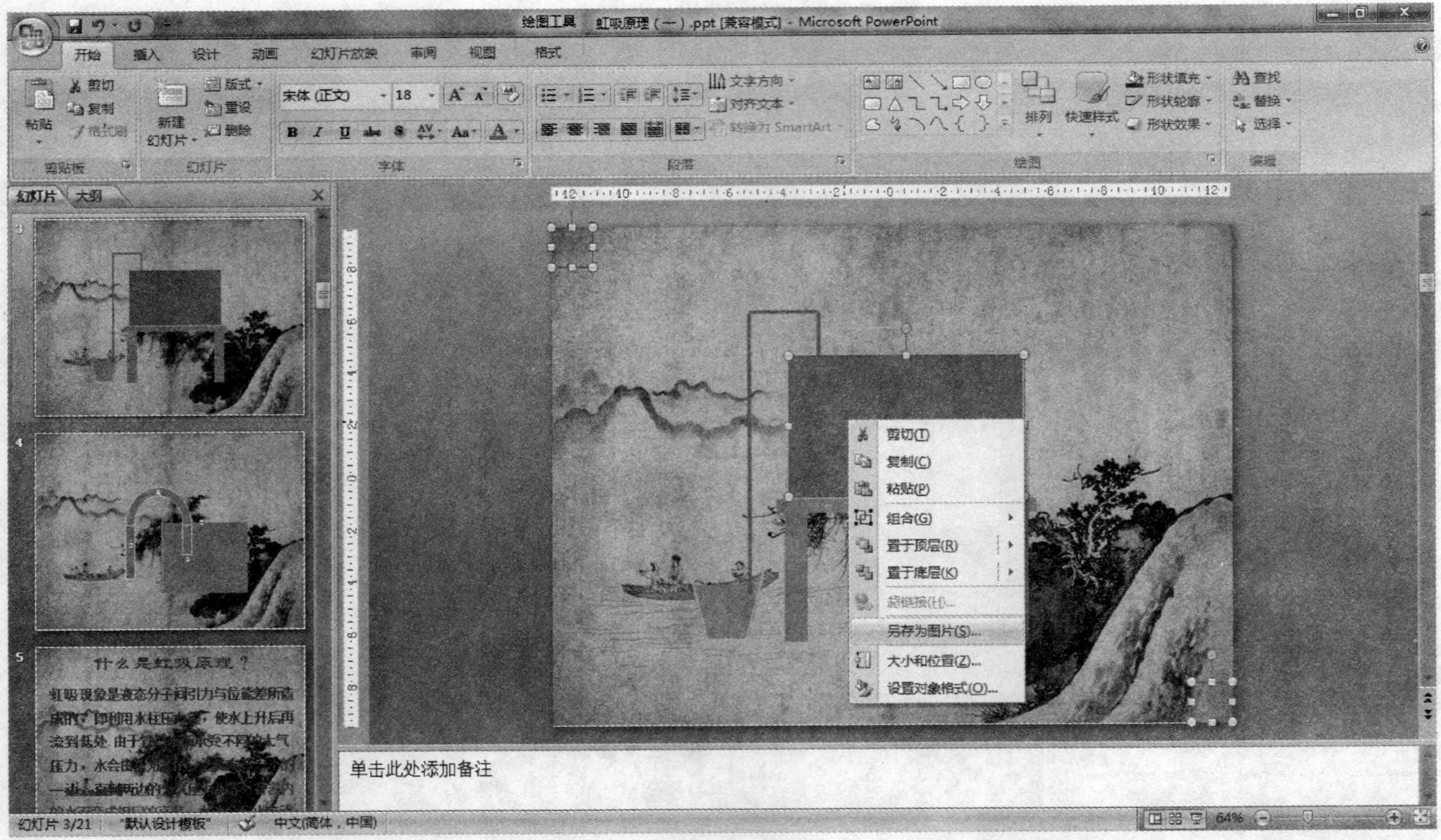
绘图工具　虹吸原理（一）.ppt [兼容模式] - Microsoft PowerPoint
开始
插入
设计
动画
幻灯片放映
审阅
视图
格式
剪切
复制
粘贴
新建幻灯片
版式
重设
删除
剪贴板
幻灯片
宋体 (正文)
18
字体
文字方向
对齐文本
转换为 SmartArt
段落
排列
快速样式
形状填充
形状轮廓
形状效果
绘图
查找
替换
选择
编辑
幻灯片
大纲
什么是虹吸原理？
剪切(T)
复制(C)
粘贴(P)
组合(G)
置于顶层(R)
置于底层(K)
超链接(H)...
另存为图片(S)...
大小和位置(Z)...
设置对象格式(O)...
单击此处添加备注
幻灯片 3/21
"默认设计模板"
中文(简体，中国)
64%

图　6.48

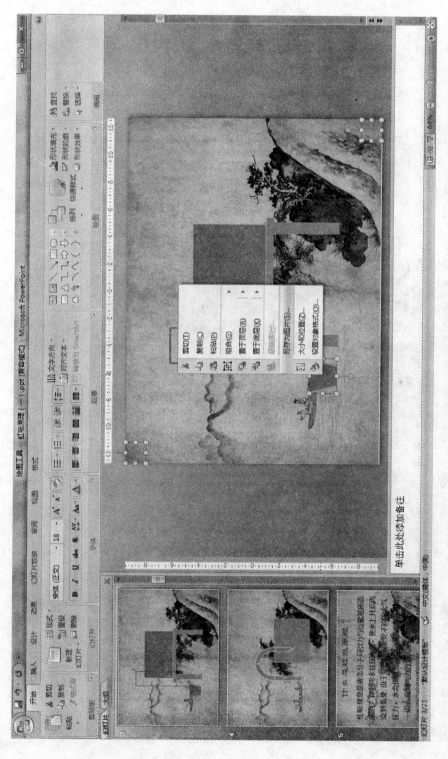

图 6.49

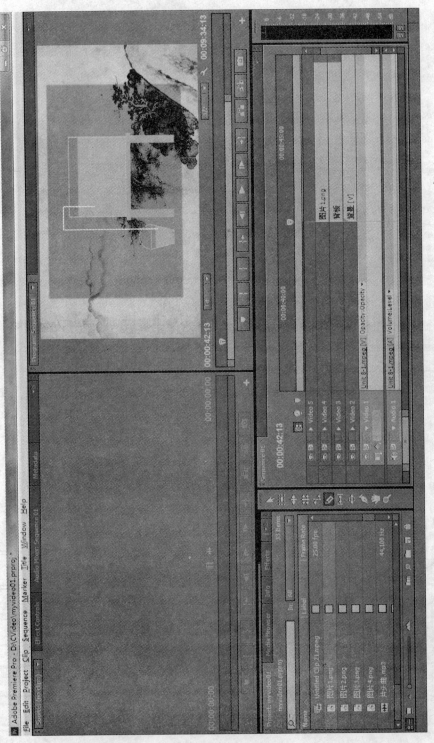

图 6.50

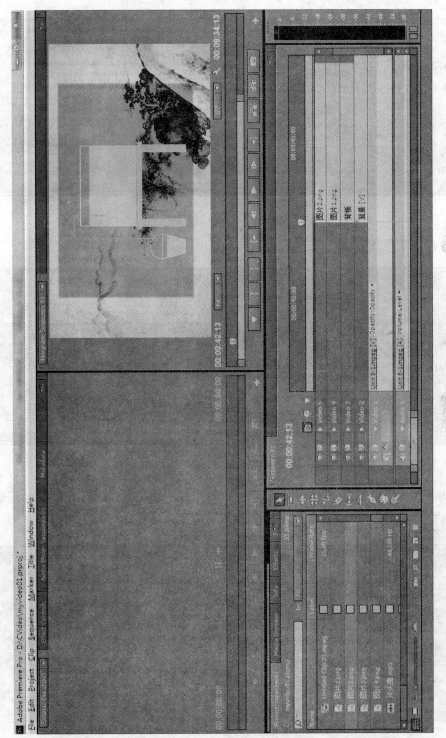

图 6.51

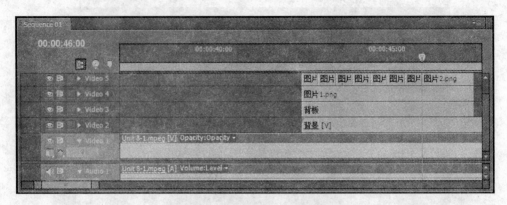

图　6.52

（18）删除偶数段的剪辑（见图 6.53）。

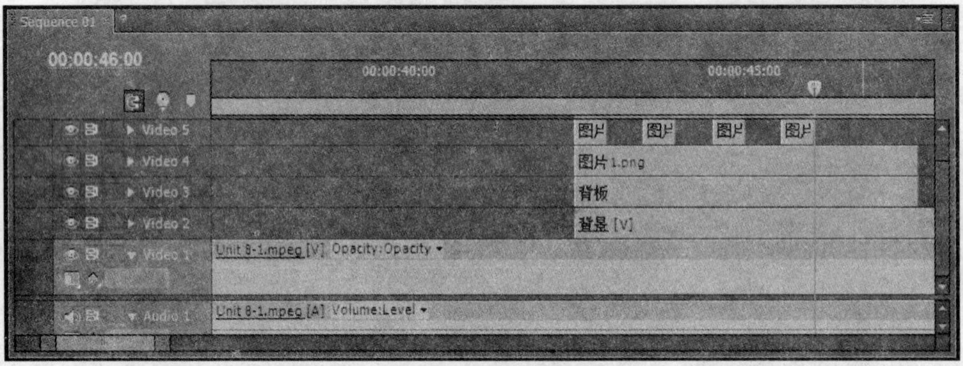

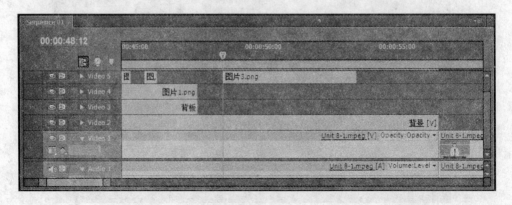

图　6.53

（19）将播放指示器 拖动到时间码"00:00:48:12"处，并将素材"图片 3.png"拖动到 Video 5 轨道上，使其头部和播放指示器 所在位置对齐（见图 6.54）。

图　6.54

（20）用剃刀工具 ✎ 将剪辑"图片3.png"在时间码"00:00:48:24"、"00:00:49:12"、"00:00:49:24"、"00:00:50:12"、"00:00:50:24"、"00:00:51:12"和"00:00:51:24"处切断（见图6.55）。

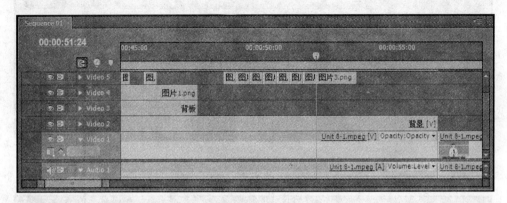

图 6.55

（21）删除偶数段的剪辑（见图6.56）。

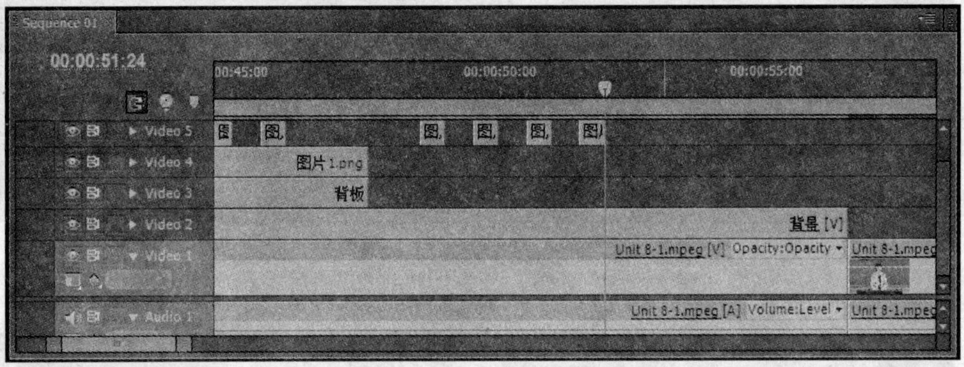

图 6.56

（22）将播放指示器 拖动到时间码"00:00:52:12"处，并将素材"图片4.png"拖动到Video 5轨道上，使其头部和播放指示器 所在位置对齐（见图6.57）。

（23）用剃刀工具 ✎ 将剪辑"图片4.png"在时间码"00:00:52:24"、"00:00:53:12"、"00:00:53:24"、"00:00:54:12"、"00:00:54:24"、"00:00:55:12"和"00:00:55:24"处切断（见图6.58）。

（24）删除偶数段的剪辑（见图6.59）。

（25）将Video 3轨道上的剪辑"背板"和Video 4轨道上的剪辑"图片1.png"的尾部拖动延长至与Video 2轨道上的剪辑"背景"的尾部对齐（见图6.60）。

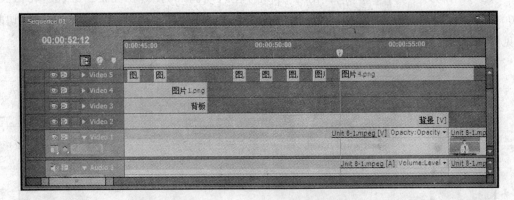

图　6.57

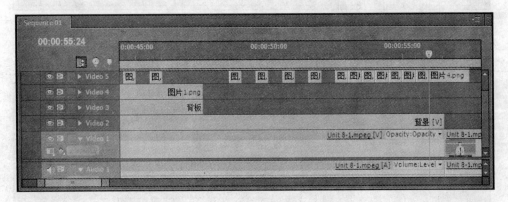

图　6.58

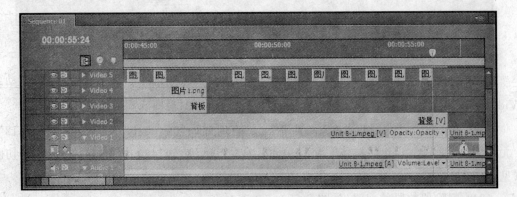

图　6.59

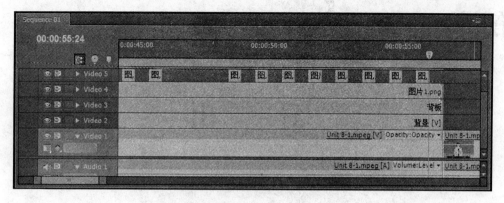

图 6.60

（26）重复步骤（9）到步骤（25）的操作，将其他幻灯片页中的素材应用到 Premiere Pro 中。

（27）按 Ctrl＋S 组合键保存项目文件。

练习题

1. 在剪辑中应用时间码视频效果，并修改它的设置。

2. 在剪辑中应用亮度与对比度视频效果，并修改它们，使视频显示更合适的亮度和对比度。

3. 制作一个短的序列，将其嵌套到另一个序列中。

4. 将 PowerPoint 中的素材应用到制作的视频中。

第7章

导　出

本章要点：

- 视频公开课技术标准
- 视频导出的设置

7.1　视频公开课技术标准

根据教育部发布的《视频公开课拍摄制作技术标准》的要求，最终导出视频的编码为 H.264（MPEG-4 Part 10：profile＝main，level＝3.0），码流率不低于 1024kbps，帧率不低于 25fps，格式为 MP4，不得包含字幕，建议使用二次压缩；音频的编码为 AAC（MPEG-4 Part 3），采样率不低于 44.1kHz，码流率不低于 128kbps。如果拍摄的是标清视频，分辨率为 720×576，长宽比为 4：3；如果拍摄的是高清视频，分辨率为 1024×576，长宽比为 16：9。

7.2　视频导出

导出视频的步骤如下：

（1）单击 Sequence 01 时间轴面板，然后按 Ctrl＋M 组合键，或选择 File→Export→Media 命令，打开 Export Settings（导出设置）对话框（见图 7.1）。

在 Export Settings（导出设置）对话框中，Output（输出）选项卡中的 Source Scaling（源缩放）下拉列表框中包含 Scale To Fit（缩放以适合）、Scale To Fill（缩放以填充）、Stretch To Fill（拉伸以填充）、Scale To Fit With Black Borders（缩放以适合黑色边框）和 Change Output Size To Match Source（更改输出大小以匹配源）等选项（见图 7.2）。

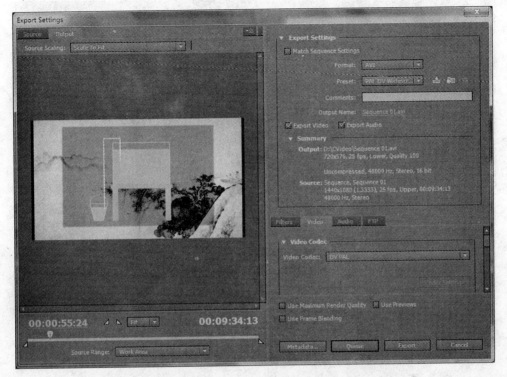

图 7.1

图 7.2

在 Source(源)选项卡中的 ⬚ 为裁剪输出视频按钮,单击后其右侧的输入项被激活,可以输入 Left(左侧)、Top(顶部)、Right(右侧)和 Bottom(底部)的像素值,或者拖动预览区的边线或角点来改变裁剪的像素值(见图 7.3),也可以选择裁剪比例(见图 7.4)来进行裁剪。

◢ 为设置入点按钮, ◣ 为设置出点按钮, Fit 为选择缩放级别,Source Range(源范围)下拉列表框包含 Entire Sequence(整个序列)、Sequence In/Out(序列切入/序列切出)、Work Area(工作区域)和 Custom(自定义)等选项(见图 7.5)。

图　7.3

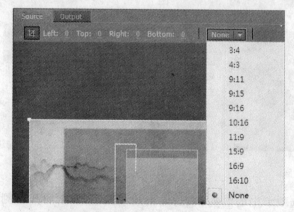

图　7.4

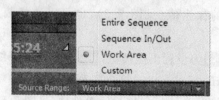

图　7.5

在 Export Settings(导出设置)选项组中,若选中 Match Sequence Settings(与序列设置匹配),则按照序列的设置来设置导出的视频。Format(格式)下拉列表框中包含 AAC Audio(AAC 音频)、AIFF、Animated GIF(动画 GIF)、AVI、AVI(Uncompressed)(AVI(未压缩))、BMP、DPX、F4V、FLV、GIF、H.264、H.264 Blu-ray(H.264 蓝光)、JPEG、MP3、MPEG2、MPEG2 Blu-ray、MPEG2-DVD、MPEG4、MXF OP1a、P2 Movie(P2 影片)、PNG、QuickTime、Targa、TIFF、Waveform Audio(波形音频)和 Windows Media 等选项(见图 7.6)。Preset(预设)下拉列表框后的选项会由于格式(Format)的不同而变化(见图 7.7),▣ 为保存预设按钮,▣ 为导入预设按钮,▣ 为删除预设按钮。在 Comments(注释)文本框中可以输入注释文字。Output Name(输出名称)用于修改导出视频的名称。选中 Export Video(导出视频)复选框则导出媒体中包含的视频,选中 Export Audio(导出音频)复选框则导出媒体中包含的音频。

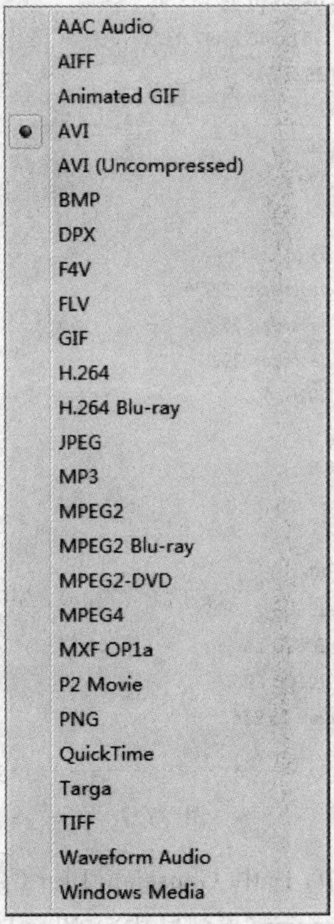

AAC Audio
AIFF
Animated GIF
● AVI
AVI (Uncompressed)
BMP
DPX
F4V
FLV
GIF
H.264
H.264 Blu-ray
JPEG
MP3
MPEG2
MPEG2 Blu-ray
MPEG2-DVD
MPEG4
MXF OP1a
P2 Movie
PNG
QuickTime
Targa
TIFF
Waveform Audio
Windows Media

图 7.6

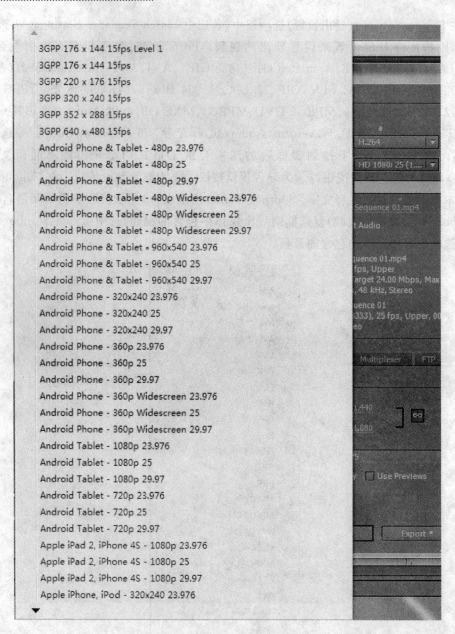

图 7.7

在 Filters（滤镜）选项卡中，选中 Gaussian Blur（高斯模糊）复选框则可以设置 Blurriness（模糊度）和 Blur Dimension（模糊尺寸）。Blur Dimension（模糊尺寸）下拉列表框包含 Horizontal and Vertical（水平和垂直）、Horizontal（水平）、Vertical（垂直）等选项（见图 7.8）。

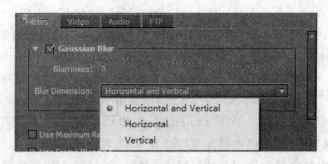

图　7.8

在 Video(视频)选项组中,包含的选项组会由于不同的导出格式(Format)而变化。Format(格式)选择"H.264"时,Video(视频)选项组包含 Basic Video Settings(基本视频设置)、Bitrate Settings(比特率设置)和 Advanced Settings(高级设置)等选项组。在 Basic Video Settings(基本视频设置)选项组中,Width(宽度)用于设置导出视频的宽度像素值,Height(高度)用于设置导出视频的高度像素值, 为锁定宽度和高度比例的按钮(见图7.9)。在 Frame Rate(帧速率)下拉列表框中可以选择帧速率值(见图7.10)。Field Order(场序)

图　7.9

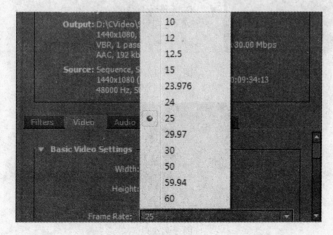

图　7.10

下拉列表框包含 Progressive(逐行)、Upper First(高场优先)和 Lower First(低场优先)等选项
(见图 7.11)。Aspect(长宽比)下拉列表框中包含 Square Pixels (1.0)(方形像素(1.0))、D1/DV
NTSC(0.9091)、D1/DV NTSC Widescreen 16：9(1.2121)(D1/DV NTSC 宽银幕 16：9
(1.2121))、D1/DV PAL(1.0940)、D1/DV PAL Widescreen 16：9(1.4587)(D1/DV PAL 宽
银幕 16：9(1.4587))、Anamorphic 2：1(2.0)(变形 2：1(2.0))、HD Anamorphic 1080
(1.333)(HD 变形 1080(1.333))、DVC Pro HD(1.5)和 Custom(自定义)等选项(见图 7.12)。
TV Standard(电视标准)选项组中包含 NTSC 和 PAL 两个选项(见图 7.13)。Profile(配置
文件)下拉列表框中包含 Baseline(基线)、Main(主要)和 High(高)等选项(见图 7.14)。在

图　7.11

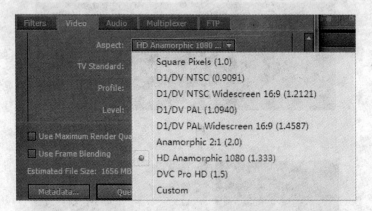

图　7.12

图　7.13

Level(级别)下拉列表框中可以选择视频级别值(见图 7.15)。选中 Render at Maximum Depth(以最大深度渲染)复选框可以获得最好的视频效果,但也将延长导出时间。在 Bitrate Settings(比特率设置)选项组中,Bitrate Encoding(比特率编码)下拉列表框中包含 CBR,"VBR,1 pass"(VBR,1 次)和"VBR,2 pass"(VBR,2 次)等选项(见图 7.16)。Target

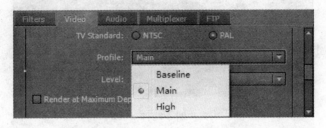

图 7.14

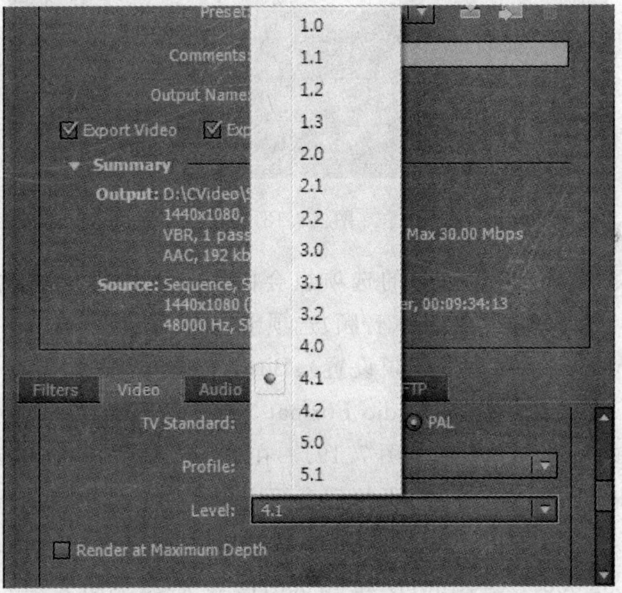

图 7.15

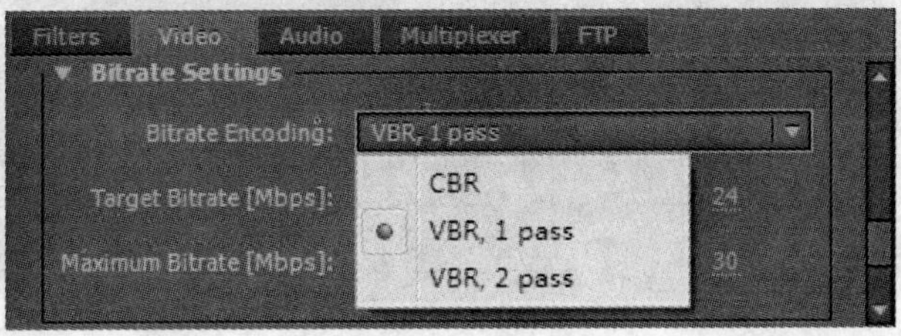

图 7.16

Bitrate(目标比特率)用于设置想要达到的比特率值。Maximum Bitrate(最大比特率)用于设置比特率的最大限值(见图 7.17)。在 Advanced Settings(高级设置)选项组中,可以设置关键帧距离(见图 7.18)。

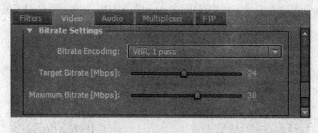

图 7.17

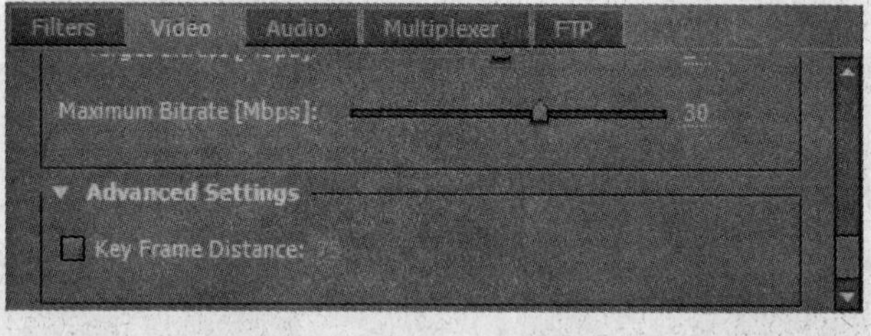

图 7.18

在 Audio(音频)选项卡中,包含的选项组会由于不同的导出格式(Format)而变化。Format(格式)选择"H.264"时,Audio(音频)选项卡包含 Audio Format Settings(音频格式设置)、Basic Audio Settings(基本音频设置)、Bitrate Settings(比特率设置)和 Advanced Settings(高级设置)等选项组。在 Audio Format Settings(音频格式设置)选项组中,显示 Audio Format(音频格式)为 AAC(见图 7.19)。在 Basic Audio Settings(基本音频设置)选项组中,Audio Codec(音频编解码器)下拉列表框中包含 AAC、"AAC ＋ Version 1"(AAC ＋版本 1)和"AAC ＋ Version 2"(AAC＋版本 2)等选项(见图 7.20),Sample Rate(采样率)下拉列表框中包含 32 000Hz、44 100Hz 和 48 000Hz 等选项(见图 7.21),Channels(声道)下拉列表框中包含 Mono(单声道)、Stereo(立体声)和 5.1 等选项(见图 7.22),Audio Quality

图 7.19

（音频质量）下拉列表框中包含 Low(低)、Medium(中)和 High(高)等选项（见图 7.23）。在 Bitrate Settings(比特率设置)选项组中,可以选择 Bitrate(比特率)值（见图 7.24）。在 Advanced Settings(高级设置)选项组中,Precedence(优先)选项组中包含 Bitrate(比特率)和 Sample Rate(采样率)等选项（见图 7.24）。

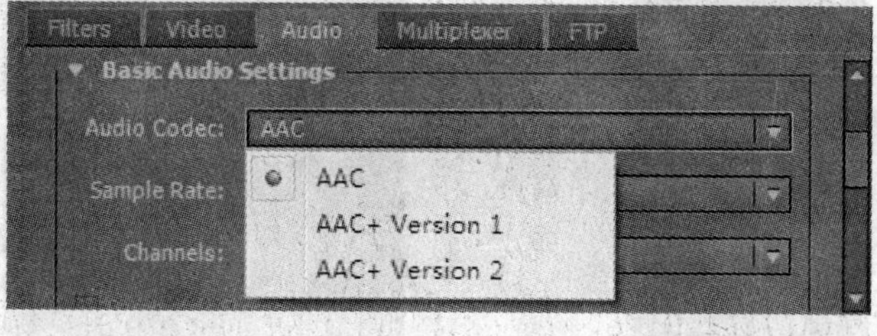

图 7.20

图 7.21

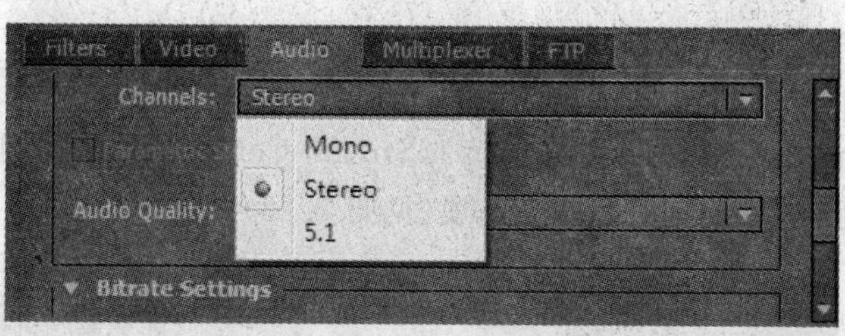

图 7.22

图 7.23

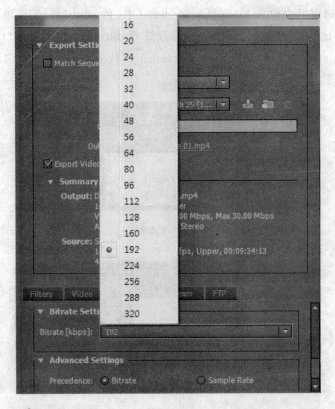

图　7.24

在 Multiplexer(多路复用器)选项卡中,Multiplexer(多路复用器)下拉列表框中包含
MP4、3GPP 和 None(无)等选项(见图 7.25),Stream Compatibility(流兼容性)下拉列表框
中包含 Standard(标准)、PSP 和 iPod 等选项(见图 7.26)。

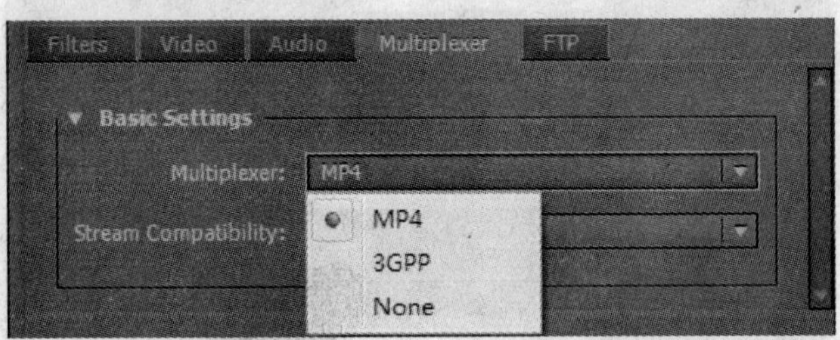

图　7.25

在 FTP 选项卡中,选中 FTP 复选框后可以设置相关参数,连接到网络服务器。填写服
务器名称(Server Name),选择端口(Port),填写远程目录(Remote Directory)、用户登录名
(User Login)、密码(Password),修改重试次数(Retries),然后单击 Test(测试)按钮进行连

接服务器测试(见图7.27~图7.29)。

选中 Use Maximum Render Quality(使用最高渲染质量)复选框将使导出的视频达到最好的渲染效果,选中 Use Previews(使用预览)复选框将在渲染的同时进行回放,选中 Use

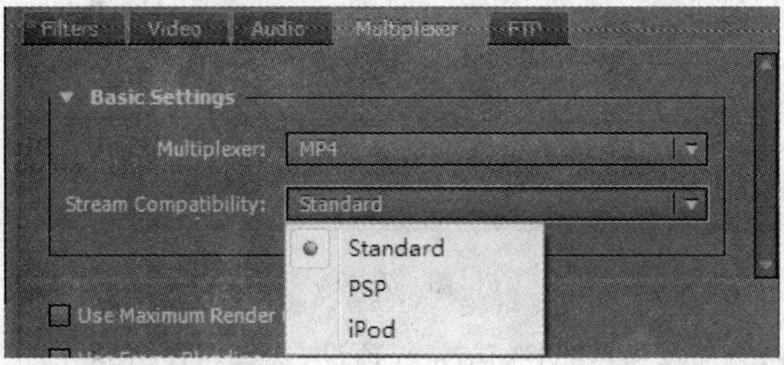

图 7.26

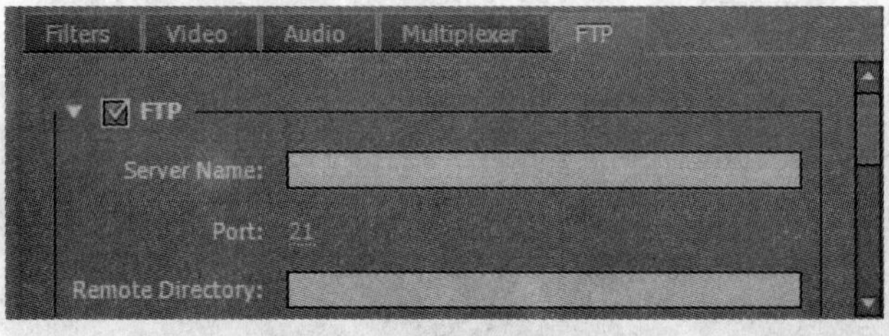

图 7.27

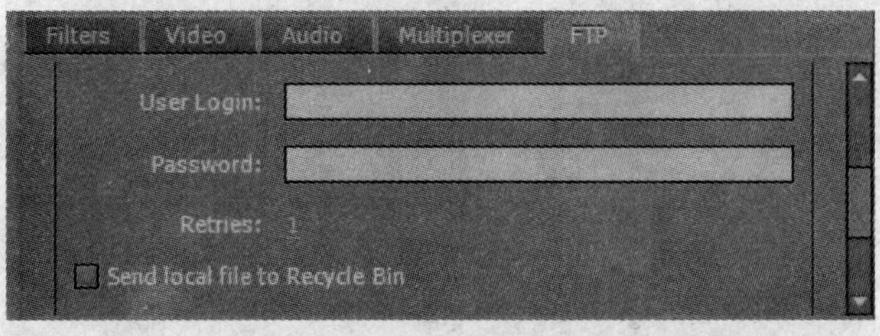

图 7.28

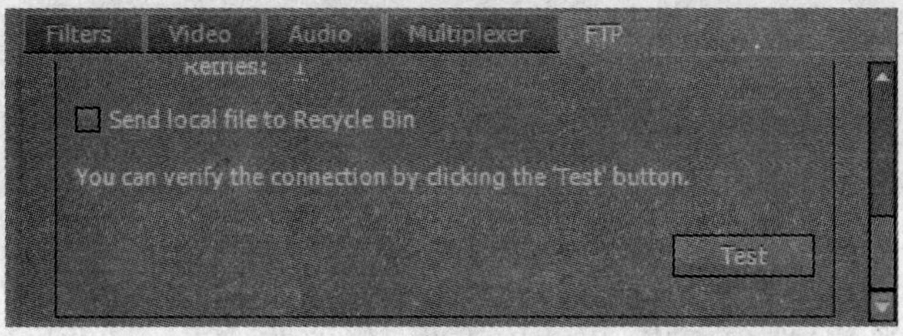

图 7.29

Frame Blending(使用帧混合)复选框将使视频效果变得更加平滑,Estimated File Size(估计文件大小)显示了预计导出的视频文件大小,为元数据按钮,为队列按钮,为导出按钮(见图7.30)。

图　7.30

(2) Format(格式)选择"H.264",Preset(预设)选择"HD 1080i 25",Output Name(输出名称)修改为"第8讲 虹吸原理.mp4",选中 Export Video(导出视频)和 Export Audio(导出音频)复选框(见图7.31)。

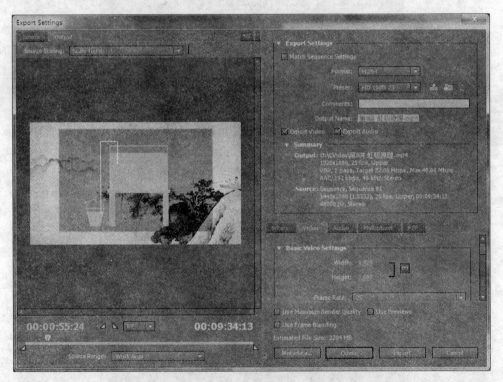

图　7.31

(3) 在 Video(视频)选项卡中,Width(宽度)修改为1024,Height(高度)修改为576,Frame Rate(帧速率)选择25(见图7.32),Bitrate Encoding(比特率编码)选择"VBR,2

pass"(VBR,2 次),Target Bitrate(目标比特率)修改为 1.5Mbps,Maximum Bitrate(最大比特率)修改为 2.5Mbps(见图 7.33)。

图 7.32

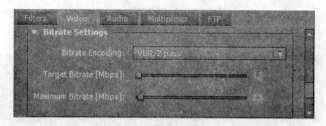

图 7.33

(4) 选中 Use Maximum Render Quality(使用最高渲染质量)复选框,然后单击导出按钮 Export ,开始进行视频导出(见图 7.34)。

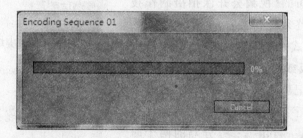

图 7.34

(5) 视频导出完成后,按 Ctrl+S 键保存项目文件,并关闭 Premiere Pro。

练习题

按照视频公开课技术标准导出一段授课视频。

第8章

制作字幕文件

本章要点：
- 字幕文件格式
- 制作字幕文件技巧

8.1 字幕文件格式

根据教育部发布的《视频公开课拍摄制作技术标准》的要求，最终须交付独立的 SRT 格式的字幕文件。SRT 格式字幕文件可以使用操作系统的记事本、写字板或者 Microsoft Office Word 来打开。建议使用记事本来打开并编辑，这样不会产生多余的隐含字符。SRT 格式字幕文件格式由一行序列数字、一行由"-->"分隔的两个时间码和一行字幕内容组成的（见图 8.1）。

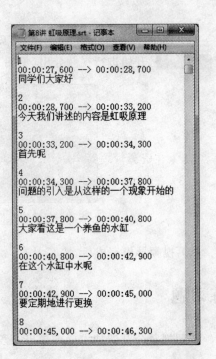

图 8.1

8.2　制作字幕文件技巧

我们使用 SubCreator 1.2 来制作字幕文件,步骤如下:

(1) 制作好原始字幕内容的文本文件"第 8 讲 虹吸原理.txt",须断好句,每行不应超过 20 个汉字(见图 8.2)。

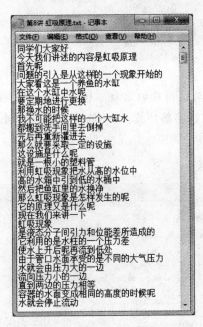

图　8.2

(2) 在资源管理器中,双击程序 SubCreator.exe。

(3) 在 Tip of the Day(每日一帖)对话框中,单击 Close 按钮(见图 8.3)。

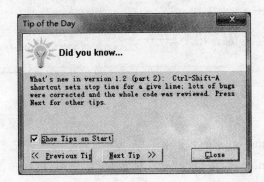

图　8.3

（4）单击右上角的最大化按钮。

（5）选择 Options（选项）→General Settings（一般属性设置）命令（见图 8.4）。

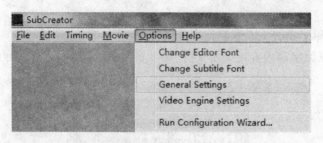

图　8.4

（6）在 Options（选项）对话框中，Choose frame rate（选择帧速率）修改为"25-25/1"，Default subtitle duration（默认字幕持续时间）修改为 20 秒，Max subtitle line count（最大字幕行数）修改为 1 行，Small step distance（步进幅度）修改为 100 毫秒，然后单击 OK 按钮（见图 8.5）。

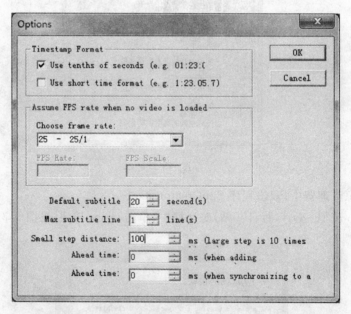

图　8.5

（7）选择 Options（选项）→Video Engine Settings（视频引擎设置）命令（见图 8.6）。

（8）在 Video engine options（视频引擎选项）对话框中，选择 Play using Windows Media Player（使用 Windows Media Player 播放）单选按钮，然后单击 OK 按钮（见图 8.7）。

（9）选择 Movie（影片）→Open（打开）命令（见图 8.8）。

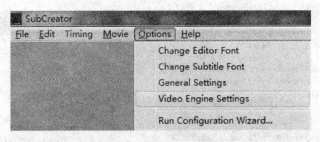

图　8.6

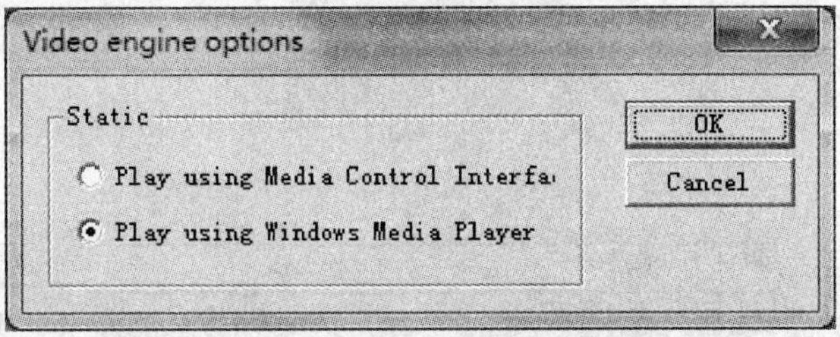

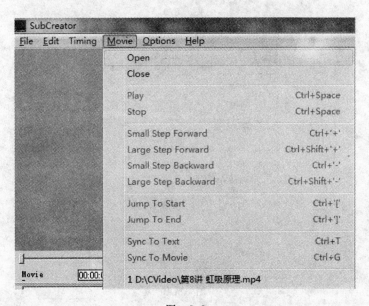

图　8.7

图　8.8

（10）在 Open a video file（打开视频文件）对话框中，选择"第 8 讲 虹吸原理.mp4"，然后单击"打开"按钮（见图 8.9）。

（11）选择 File（文件）→Open（打开）命令（见图 8.10）。

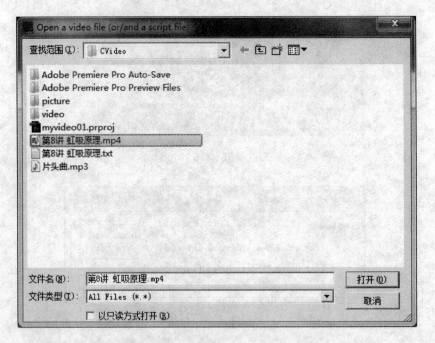

图 8.9

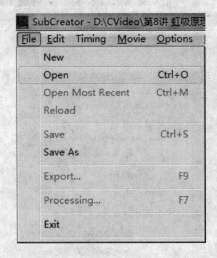

图 8.10

(12) 在 Open a script file(打开脚本文件)对话框中,选择"第8讲 虹吸原理.txt",然后单击"打开"按钮(见图 8.11)。

(13) 单击脚本第一行第一个字前,使活动光标位于第一行第一个字前(见图 8.12)。

(14) 选择 Movie(影片)→Play(播放)命令(见图 8.13)。

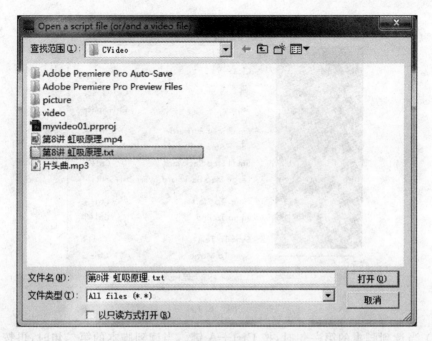

图 8.11

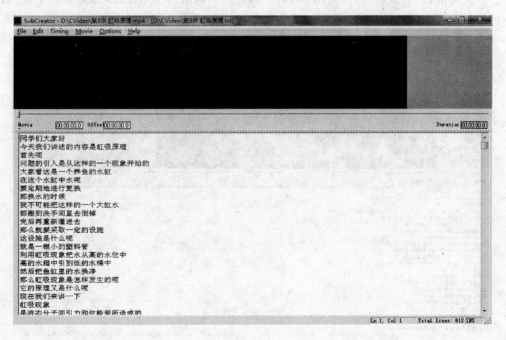

图 8.12

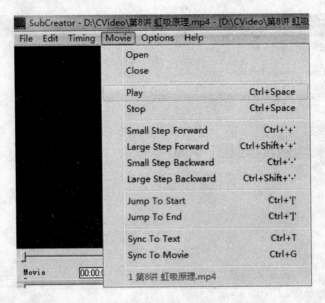

图 8.13

(15) 当读到脚本的第一句时,按 Ctrl+A 键。当读到脚本的第二句时,再按 Ctrl+A 键。依此类推,直到最后一句(见图 8.14)。即使时间码对得不是很准,也要继续下去,后面会进行微调。

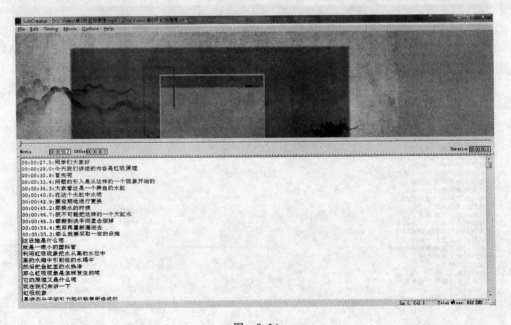

图 8.14

（16）选择 File(文件)→Export(导出)命令(见图 8.15)。

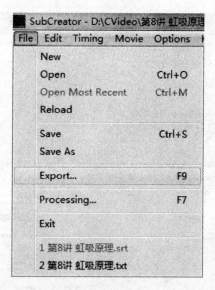

图 8.15

（17）在 Export dialog(导出对话)对话框中,选择 SRT Format(SRT 格式),然后单击 Convert(转换)按钮(见图 8.16)。

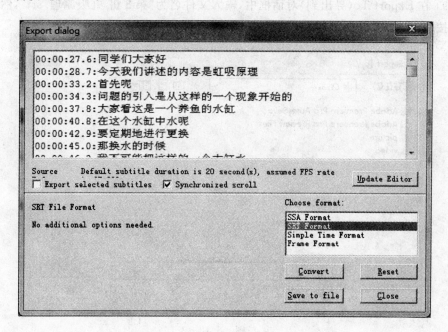

图 8.16

(18) 单击 Save to file(保存文件)按钮(见图 8.17)。

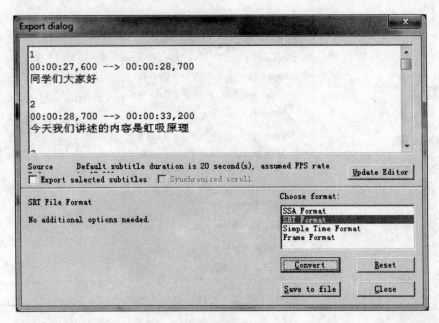

图 8.17

(19) 在 Export To(导出到)对话框中,输入文件名为"第 8 讲 虹吸原理. srt",然后单击"保存"按钮(见图 8.18)。

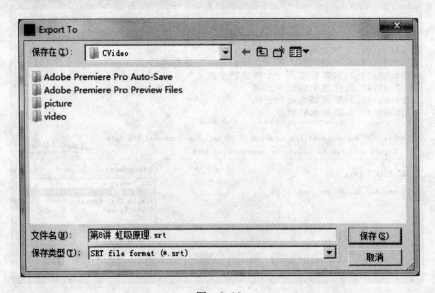

图 8.18

（20）关闭 SubCreator 的全部对话框。

（21）用记事本打开字幕文件"第 8 讲 虹吸原理. srt"，用迅雷看看打开视频文件"第 8 讲 虹吸原理. mp4"，将两个窗口横向并列排放。用空格键控制视频的播放和暂停，发现字幕时间码有出入时，即暂停视频播放，修改时间码，然后在记事本窗口中按 Ctrl＋S 键保存修改的字幕。修改字幕后，回退视频，即可看到修改后的结果，可以反复进行微调，直到字幕和视频完全匹配为止。

（22）保存字幕文件。

练习题

1. 为什么字幕文件每行最多 20 个汉字？
2. 给前一章练习题中导出的视频制作字幕文件。